打开Go语言之门

入门、实战与进阶

| 飞雪无情◎著 |

图书在版编目（CIP）数据

打开 Go 语言之门：入门、实战与进阶 / 飞雪无情著 . —北京：机械工业出版社，2022.8
ISBN 978-7-111-71245-9

Ⅰ. ①打… Ⅱ. ①飞… Ⅲ. ①程序语言 - 程序设计 Ⅳ. ① TP312

中国版本图书馆 CIP 数据核字（2022）第 127904 号

打开 Go 语言之门：入门、实战与进阶

出版发行：机械工业出版社（北京市西城区百万庄大街 22 号 邮政编码：100037）
责任编辑：佘 洁 责任校对：宋 安 刘雅娜
印 刷：三河市国英印务有限公司 版 次：2022 年 10 月第 1 版第 1 次印刷
开 本：186mm×240mm 1/16 印 张：14.25
书 号：ISBN 978-7-111-71245-9 定 价：89.00 元

客服电话：（010）88361066 68326294

Preface 前　言

学习 Go 语言，抓住未来的机遇

你好，我是飞雪无情，在技术领域从业近 10 年，目前在一家互联网公司担任副总裁，负责产品的研发管理和架构设计。

2014 年，我因为 Docker 接触了 Go 语言，其简洁的语法、高效的开发效率和语言层面上的并发支持深深地吸引了我。经过不断学习和实践，我对 Go 语言有了更深入的了解，不久后，便带领团队转型 Go 语言开发，提升了团队开发效率和系统性能，降低了用人成本。

在带领团队转型 Go 语言的过程中，我不断地把自己学习 Go 语言的经验总结成文章，以方便大家利用碎片时间学习，于是“飞雪无情”公众号和知乎号就诞生了。现在，我已经发布了 300 多篇相关文章，在帮助数万名读者朋友有效学习 Go 语言的同时，还有幸拿到了知乎 Go 语言专题的最高赞。

为开发者需求而设计的 Go 语言

K8s、Docker、etcd 这类耳熟能详的工具就是用 Go 语言开发的，而且很多大公司（如腾讯、字节跳动等）都在把原来的 C/C++、Python、PHP 技术栈迁往 Go 语言。

在我看来，Go 语言备受推崇，与其本身的优势有直接的关系：

- 语法简洁，相比其他语言更容易上手，开发效率更高。
- 自带垃圾回收（GC）功能，不用手动申请释放内存，能够有效避免 Bug，提高性能。
- 语言层面的并发支持让你能够很容易地开发出高性能程序。
- 提供强大的标准库，第三方库也足够丰富，可以拿来即用，提高开发效率。

- 可通过静态编译直接生成一个可执行文件，运行时不依赖其他库，部署方便，可伸缩能力强。
- 提供跨平台支持，很容易编译出跨各个系统平台直接运行的程序。

对比其他语言，Go 的优势显著。比如 Java 虽然具备垃圾回收功能，但它是解释型语言，需要安装 JVM 才能运行；C 语言虽然不用解释，可以直接编译运行，但是它不具备垃圾回收功能，需要开发者自己管理内存的申请和释放，容易出问题。而 Go 语言具备两者的优势。

如今微服务和云原生已经成为一种趋势，Go 作为一门高性能的编译型语言，最适合承载微服务的落地实现，且容易生成跨平台的可执行文件，相比其他编程语言更容易部署在 Docker 容器中，实现灵活的自动伸缩服务。

总体来看，Go 语言的整体设计理念就是以软件工程为目的，方便开发者更好地研发、管理软件项目，一切都是为开发者着想。

如果你是有 1 ～ 3 年经验的其他语言（如 Python、PHP、C/C++）开发者，学习 Go 语言会比较容易，因为编程语言的很多概念是相通的。而如果你是有基本计算机知识但无开发经验的小白，也适合尽早学习 Go 语言，吃透它有助于加深你对编程语言的理解，也让你更有职业竞争力。

在与 Go 语言学习者进行交流和面试的过程中，我发现了一些典型问题，可概括为如下三点。

第一，学习者所学知识过于零碎，缺乏系统性，并且不是太深入，导致写不出高效的程序，也难以在面试中胜出。比如，我在面试时会问字符串拼接的效率问题，这个问题涉及加号（+）拼接、buffer 拼接、builder 拼接、并发安全等知识点，但应聘者通常只能答出最浅显的内容，缺乏对语言逻辑的深层思考。

第二，很多入门者已有其他语言基础，很难转换语言思维模式，尤其是在 Go 语言设计者还做了很多相对其他语言的改进和创新的情况下。作为从 Java 语言转到 Go 语言的过来人，我非常理解这种情况，比如对于错误的处理，Java 语言使用 Exception，Go 语言则通过函数返回 error，这会让人很不习惯。

第三，没有开源的、适合练手的项目。

在过去分享 Go 语言知识的过程中，我融入了应对上述问题的方法并得到好评，有读者称“你的文章给我拨云见日的感觉！”“通过你的文章我终于懂 context 的用法了！”……这些正向评价更坚定了我分享内容的信心。

于是在不断地思考、整理后，我希望编写一本更具系统性也更通俗易懂的 Go 语言入门和进阶书籍，以帮助学习者少走弯路，比其他人更快一步提升职业竞争力。

本书的亮点和设计思路

- **系统性设计**：从基础知识、底层原理到实战，让你不仅可以学会使用这门语言，还能从该语言自身的逻辑、框架层面分析问题，并上手项目。这样当出现问题时，你可以不再盲目地搜索知识点。
- **案例实操**：设计了很多便于运用知识点的代码示例，还特意站在学习者的视角，演示了一些容易出 Bug 的场景，帮你避雷；引入了很多生活化的场景，比如用“枪响后才能赛跑”的例子演示 sync.Cond 的使用，帮助你加深印象，缓解语言学习的枯燥感。
- **贴近实际**：本书内容来源于众多学习者的反馈。笔者在与他们的不断交流中，总结了问题的共性，并有针对性地将其融入本书。

那么，我是怎么划分本书内容的呢？

作为初学者，不管你是否有编程经验，都需要先学习 Go 语言的基本语法。因此，我首先介绍 Go 语言的基本语法，然后，在此基础上介绍 Go 语言的核心特性——并发，这也是 Go 语言最自豪的功能。其基于协程的并发比我们平时使用的线程并发更轻量，可以随意地在一台普通的计算机上启动成百上千个协程，成本却非常低。

在你掌握了基本知识后，我会通过底层分析深入讲解原理。我会结合源码，并对比其他语言的同类知识，带你理解 Go 语言的设计思路和底层语言逻辑。

此时你可能还有一些疑惑，比如不知道如何将知识与实际工作结合起来，这就需要后面介绍的 Go 语言工程管理方面的知识了。最后，我会介绍 Go 语言最新的特性——泛型，以方便你进一步理解 Go 语言、简化代码和提升效率。

所以，我根据这个思路将本书划分成 5 个部分：

- **第一部分**：快速入门 Go 语言。我挑选了变量、常量、基础数据类型、函数和方法、结构体和接口等知识点进行介绍。这部分内容相对简洁，但已经足够让你掌握 Go 语言的基本程序结构了。
- **第二部分**：Go 语言的高效并发。这部分主要介绍 goroutine、channel、同步原语等知识，让你对 Go 语言层面的并发支持有更深入的理解，并且可以编写自己的 Go 语言并发程序。这部分有一章专门介绍常用的并发模式，可以拿来即用，以更好地控制并发。
- **第三部分**：深入理解 Go 语言。这部分讲解 Go 语言底层原理和高级功能，比如 slice 的底层是怎样的、为什么这么高效等。这部分内容是我特意为初学者设计的，因为我在初学编程时也是只学习如何使用，而不想研究底层原理，导致在工作中遇到障碍后又不得不回头恶补这部分知识。总之，只有理解了底层原理，你才能更灵活地编写程序并高效地应对问题。

- **第四部分**：Go 语言工程管理。学习一门语言，不仅要掌握它本身的知识，还要掌握模块管理、性能优化等周边技能，因为这些技能可以帮助你更好地进行多人协作，提高开发效率，写出更高质量的代码。你可以在这部分学到如何测试 Go 语言代码以提高代码质量、如何做好性能优化、如何使用第三方库来提高自己项目的开发效率等。
- **第五部分**：Go 语言泛型。这是 Go 语言在 1.18 版本中新增的特性，也是大家期待已久的特性。在这部分中，我会带你学习 Go 语言泛型的使用，以及如何使用泛型来提高效率和简化代码。

作者寄语

我一直不厌其烦地跟团队小伙伴说，Go 语言是一门现代编程语言，相比其他编程语言，它有更好的用户体验，因为它的目的就是让我们更专注于自己业务的实现，提高开发效率。与此同时，当下的云原生是一种趋势，Go 语言非常适合部署在这种环境中，越早学习越有竞争力。

此外，我在上文中也反复强调了学习底层原理的重要性。编程语言有很多共通之处（比如概念、关键字、特性语法等），吃透后再学习其他编程语言会简单很多，原因就在于你理解了语言本身。所以在学习 Go 语言的过程中，我希望你多想多练，深入理解，融会贯通。

现在，跟我一起踏上 Go 语言学习之旅吧！

Contents 目 录

第二部分 Go 语言的高效并发

第三部分 深入理解 Go 语言

第四部分 Go 语言工程管理

第一部分 Part 1

快速入门 Go 语言

Chapter 1 第1章

基础入门：Hello, Go 语言

从本章开始，我会带你走进 Go 语言的世界。我会用通俗易懂的语言介绍 Go 语言的各个知识点，让你可以从零开始逐步深入它的世界。不管你以前是否接触过 Go 语言，都可以从本书中受益。

现在，让我以一个编程界经典的例子“Hello, World”来带你入门 Go 语言，了解它是如何运行起来的。

1.1 Hello，World

如果你学过 C、Java 等编程语言，对这个经典的例子应该不会陌生。通过它，我先带你大概了解一下 Go 语言的一些核心理念，让你对 Go 语言代码有一个整体的印象。

```
ch01/main.go
package main

import "fmt"

func main() {
    fmt.Println("Hello, World")
}
```

仅仅这样几行代码就构成了一个完整的 Go 程序，是不是非常简单？现在我运行这段代码，看看输出结果。打开终端输入以下命令后回车：

```
$ go run ch01/main.go
Hello, World
```

其中 `go run ch01/main.go` 是我输入的命令，回车后看到的“`Hello, World`”是 Go 程序输出的结果。

代码中的 go 是 Go 语言开发工具包提供的一个命令，它和你平时常用的 ls 命令一样，都是可执行的命令。它可以帮助你运行 Go 语言代码，对其进行编译，生成可执行的二进制文件等。

run 在这里是 go 命令的子命令，表示运行 Go 语言代码。最后的 `ch01/main.go` 就是我写的 Go 语言代码文件了。也就是说，整个 `go run ch01/main.go` 表示要运行 ch01/main.go 里的 Go 语言代码。

1.2　程序结构分析

要让一个 Go 语言程序成功运行起来，只需要 package main 和 main 函数这两个核心部分，package main 表示这是一个可运行的应用程序，main 函数则是这个应用程序的主入口。

在“Hello, World”这个简单的示例中，包含了一个 Go 语言程序能够运行起来所需的基本结构。我们以此为例来逐一介绍程序的结构，以便你了解 Go 语言的核心概念。

- `package main` 代表当前的 ch01/main.go 文件属于哪个包，其中 package 是 Go 语言声明包的关键字，main 是要声明的包名。在 Go 语言中 main 包是一个特殊的包，代表你的 Go 语言项目是一个可运行的应用程序，而不是一个被其他项目引用的库。
- `import "fmt"` 表示导入一个 fmt 包，其中 import 是 Go 语言的关键字，表示导入包，这里我导入的是 fmt 包，导入的目的是要使用它，后面会详细讲。
- `func main()` 定义了一个函数，其中 func 是 Go 语言的关键字，表示要定义一个函数或者方法，main 是函数名，空括号表示这个 main 函数不接收任何参数。在 Go 语言中 main 函数是一个特殊的函数，它代表整个程序的入口，也就是程序在运行的时候会先调用 main 函数，然后再通过 main 函数调用其他函数，以达到满足项目业务需求的目的。
- `fmt.Println("Hello, World")` 是通过 fmt 包的 Println 函数打印“Hello, World”这段文本。其中 fmt 是刚刚导入的包，要想使用一个包，必须先导入。Println 是 fmt 包中的函数，这里我需要它输出一段文本，也就是“Hello, World”。
- 最后的大括号（ } ）表示 main 函数体的结束。

现在整个代码片段已经分析完了，运行程序就可以看到“Hello, World”结果的输出。

从以上分析来看，Go 语言的代码非常简洁，一个完整的核心程序只需要 package、import、func main 这些核心概念就可以实现。在后面的章节中，我还会讲如何使用变量、如何自定义函数等，这里我先讲解如何搭建 Go 语言的开发环境——只有搭建好了 Go 语言的开发环境，才能运行上面的 Go 语言代码。

1.3 搭建Go语言开发环境

要想搭建Go语言开发环境，首先需要下载Go语言开发包，你可以通过国外官网（https://go.dev/dl/）和国内官网（https://golang.google.cn/dl/）下载。

下载时可以根据自己的操作系统选择相应的开发包，比如Windows、Linux或macOS等。

1.3.1 在Windows下安装

MSI安装方式比较简单，在Windows系统上推荐使用这种方式。现在的操作系统基本上都是64位的，所以选择64位的go1.18.2.windows-amd64.msi下载即可；如果操作系统是32位的，选择go1.18.2.windows-386.msi进行下载。

下载后双击MSI安装文件，按照提示一步步安装即可，默认情况下Go语言开发工具包会被安装到C:\Go目录下，你也可以在安装过程中选择自己想要安装的目录。

假设你安装在C:\Go目录下，安装程序会自动把C:\Go\bin添加到你的PATH环境变量中，如果没有的话，你可以通过“系统 -> 控制面板 -> 高级 -> 环境变量”选项来手动添加。

1.3.2 在Linux下安装

Linux系统同样有32位和64位，你可以根据自己的Linux操作系统选择相应的压缩包，它们分别是go1.18.2.linux-386.tar.gz和go1.18.2.linux-amd64.tar.gz。

下载成功后需要先进行解压，假设你下载的是go1.18.2.linux-amd64.tar.gz，在终端输入如下命令即可解压：

```
sudo tar -C /usr/local -xzf go1.18.2.linux-amd64.tar.gz
```

输入后按回车，然后输入你的计算机密码，即可解压到/usr/local目录下，然后把/usr/local/go/bin添加到PATH环境变量中，你就可以使用Go语言开发工具包了。

```
export PATH=$PATH:/usr/local/go/bin
```

将上面这段命令添加到/etc/profile或者$HOME/.profile文件中，保存后退出即可成功添加环境变量。

1.3.3 在macOS下安装

如果你的操作系统是macOS，可以采用PKG安装包。下载go1.18.2.darwin-amd64.pkg后双击，按照提示安装即可。安装成功后，路径/usr/local/go/bin应该已经被添加到PATH环境变量中了，如果没有的话，你可以手动添加，具体方式与上面Linux下的一样。

1.3.4 安装测试

以上安装成功后，你可以打开终端或者命令提示符，输入`go version`来验证Go语言开发工具包是否安装成功，如果成功的话，会输出 Go 语言的版本和系统信息：

```
$ go version
  go version go1.18.2 darwin/amd64
```

1.3.5　环境变量设置

安装好 Go 语言开发工具包之后，它的开发环境还没有完全搭建完成，因为还有两个重要的环境变量没有设置，分别是 GOPATH 和 GOBIN。

- GOPATH：代表 Go 语言项目的工作目录，在 Go Module 模式出现之前非常重要，现在基本上用来存放使用 `go get` 命令获取的项目。
- GOBIN：代表 Go 编译生成的程序的安装目录，比如通过 `go install` 命令，会把生成的 Go 程序安装到 GOBIN 目录下，以供你在终端使用。

假设工作目录为 /Users/flysnow/go，你需要把 GOPATH 环境变量设置为 /Users/flysnow/go，把 GOBIN 环境变量设置为 $GOPATH/bin。

```
export GOPATH=/Users/flysnow/go
export GOBIN=$GOPATH/bin
```

在 Linux 和 macOS 下，把以上内容添加到 /etc/profile 或者 $HOME/.profile 文件并保存即可。在 Windows 操作系统下，则通过“控制面板 -> 高级 -> 环境变量”选项添加这两个环境变量即可。

1.4　项目结构

采用 Go Module 方式，可以在任意位置创建你的 Go 语言项目。在本书中，我都会使用这种方式来演示 Go 语言示例。现在我简单介绍一下 Go Module 项目的目录结构，在后面的章节会详细介绍 Go Module。

假设你的项目位置是 /Users/flysnow/git/gotour，打开终端，输入如下命令切换到该目录下：

```
$ cd /Users/flysnow/git/gotour
```

然后再执行如下命令创建一个 Go Module 项目：

```
$ go mod init
```

执行成功后，会生成一个 go.mod 文件。然后在当前目录下创建一个 main.go 文件，这样整个项目目录结构如下：

```
gotour
├── go.mod
```

```
├── lib
└── main.go
```

其中main.go是整个项目的入口文件，里面有main函数。lib目录是项目的子模块，根据项目需求可以新建多个目录作为子模块，也可以继续嵌套为子模块的子模块。

我将本书中的所有章节示例都放置在https://github.com/flysnow-org/gotour中，并且按照如下目录格式组织。

```
gotour
├── ch01
│   └── main.go
├── ch02
│   └── main.go
└── go.mod
```

其中gotour是演示项目的根目录，所有Go语言命令都会在这里执行，比如`go run`。ch01、ch02这些目录是按照章命名的，每一章都有对应的目录，便于查找相应的源代码。

1.5 编译发布

项目创建完成后，可以编译生成可执行文件，也可以把它发布到$GOBIN目录下，以供在终端使用。以"Hello, World"为例，在项目根目录输入以下命令，即可编译一个可执行文件。

```
$ go build ./ch01/main.go
```

按回车执行后会在当前目录生成main可执行文件，现在，我们来测试它是否可用。

```
$ ./main
Hello, World
```

成功输出"Hello, World"，证明程序成功生成。

以上生成的可执行文件存放在当前目录，也可以使用go install命令把它安装到$GOBIN目录，如下所示：

```
$ go install ./ch01/main.go
```

现在你在任意时刻打开终端，输入main后回车，都会输出"Hello, World"，是不是很方便？

1.6 跨平台编译

Go语言开发工具包的另一强大功能就是可以跨平台编译。什么是跨平台编译呢？就是你在macOS上开发的程序，可以编译成Linux、Windows等平台上的可执行程序，这样你开发的程序就可以在这些平台上运行了。也就是说，你可以选择喜欢的操作系统做开发，并跨平台编译成所需要发布平台的可执行程序。

默认情况下，Go程序是根据我们当前的计算机来生成可执行文件的，比如计算机是Linux 64位的，就会生成Linux 64位下的可执行文件。

那么，怎么查看自己计算机的编译环境呢？以笔者自己的计算机为例，可以使用go env查看编译环境，以下是输出的重要部分。

```
→  ~ go env
GOARCH="amd64"
GOEXE=""
GOHOSTARCH="amd64"
GOHOSTOS="darwin"
GOOS="darwin"
GOROOT="/usr/local/go"
GOTOOLDIR="/usr/local/go/pkg/tool/darwin_amd64"
```

Go语言通过两个环境变量来控制跨平台编译，它们分别是GOOS和GOARCH。

- GOOS：代表要编译的目标操作系统，常见的参数有linux、windows、darwin等。
- GOARCH：代表要编译的目标处理器架构，常见的参数有386、amd64、arm64等。

这样通过组合不同的GOOS和GOARCH，就可以编译出不同的可执行程序。比如我现在的计算机是macOS AMD64的，想编译出Linux AMD64的可执行程序，只需要执行go build命令即可，如以下代码所示：

```
$ GOOS=linux GOARCH=amd64 go build ./ch01/main.go
```

前面两个赋值即更改环境变量，这样的好处是只针对本次运行有效，不会更改我们默认的配置。

关于GOOS和GOARCH更多的组合，参考官方文档（https://golang.org/doc/install/source#environment）的“$GOOS and $GOARCH”这一节即可。

1.7 Go编辑器推荐

使用好的编辑器可以提高开发效率，这里我推荐两款目前非常流行的编辑器。

第一款是Visual Studio Code + Go扩展插件，可以让你非常高效地开发，可通过官方网站（https://code.visualstudio.com/）下载使用。

第二款是老牌IDE公司JetBrains推出的Goland，所有插件已经全部集成，更容易上手，并且功能强大，新手和老手都适合，可以通过官方网站（https://www.jetbrains.com/go/）下载使用。

1.8　小结

本章到这里就要结束了，在本章中你学习了如何写第一个Go语言程序、如何搭建Go语言开发环境、如何创建Go语言项目和下载IDE。现在，我就给你留个小作业：改编示例“Hello, World”的代码，输出自己的名字。

在下一章，我将为你介绍Go语言的变量、常量和基本数据类型，让你的Go语言程序更生动。

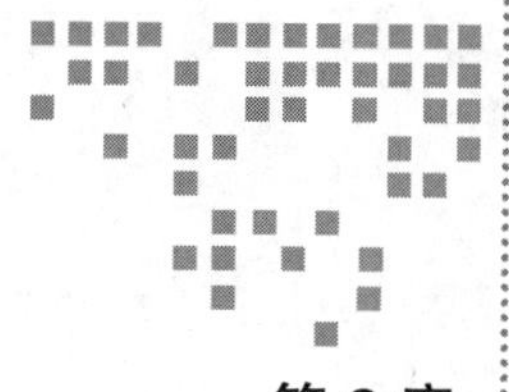

第 2 章 Chapter 2

数据类型：Go 语言的基石

第 1 章的思考题是打印出自己的名字，这个作业比较简单，属于文本的替换，你只需要把示例中的“Hello, World”修改成自己的名字即可，比如以我的名字为例，替换为“飞雪无情”。

经过上一章的学习，你已经对 Go 语言的程序结构有了初步了解，也准备好了相应的开发环境。在现实中，一个完整项目的逻辑会更复杂，不是简单的“Hello, World”可与之相比的。这些逻辑由变量、常量、类型、函数、方法等组成，本章将带你认识它们，让你的 Go 语言程序变得更加生动。

2.1 一个简单示例

变量代表可变的数据类型，也就是说，它在程序执行的过程中可能会被一次甚至多次修改。

在 Go 语言中，通过 var 声明语句来定义一个变量，定义的时候需要指定这个变量的类型，然后再为它起个名字，并且设置好变量的初始值。用 var 声明一个变量的格式如下：

```
var 变量名 类型 = 表达式
```

现在我通过一个示例来演示如何定义一个变量，并且设置它的初始值：

```
ch02/main.go
package main
```

```
import "fmt"

func main() {
    var i int = 10
    fmt.Println(i)
}
```

观察上面例子中main函数的内容，其中var i int = 10就是定义一个类型为int（整数）、名为i的变量，它的初始值为10。

这里为了运行程序，我加了一行fmt.Println(i)，你在上一章中就见到过它，表示打印出变量i的值。

这样做一方面是因为Go语言中定义的变量必须使用，否则无法编译通过，这也是Go语言比较好的特性，防止定义了变量而不使用，导致浪费内存；另一方面，在运行程序的时候可以查看变量i的结果。

通过输入go run ch02/main.go命令，然后回车运行，即可看到如下结果：

```
$ go run ch02/main.go
10
```

打印的结果是10，与变量的初始值一样。

因为Go语言具有类型推导功能，所以也可以不去刻意地指定变量的类型，而是让Go语言自己推导，比如变量i也可以用如下方式声明：

```
var i = 10
```

这样变量i的类型默认是int类型。

你也可以一次声明多个变量，把要声明的多个变量放到一个括号中即可，如下面的代码所示：

```
var (
    j int = 0
    k int = 1
)
```

同理，因为类型推导，以上多个变量声明也可以用以下方式书写：

```
var (
    j = 0
    k = 1
)
```

这样就更简洁了。

其实不只int类型，我后面介绍的float64、bool、string等基础类型都可以被自动推导，也就是可以省略定义类型。

2.2　基础类型

任何一门语言都有对应的基础类型，这些基础类型和现实中的事物一一对应，比如整型对应着1、2、3、100这些整数，浮点型对应着1.1、3.4这些小数等。Go语言也不例外，它也有自己丰富的基础类型，常用的有整型、浮点型、布尔型和字符串，下面就为你详细介绍。

2.2.1　整型

在Go语言中，整型分为：

- 有符号整型：如int、int8、int16、int32和int64。
- 无符号整型：如uint、uint8、uint16、uint32和uint64。

它们的差别在于，有符号整型表示的数值可以为负数、零和正数，而无符号整型只能为零和正数。

除了有用“位”（bit）大小表示的整型外，还有int和uint这两个没有具体位大小的整型，它们的大小可能是32位，也可能是64位，与硬件设备CPU有关。

在整型中，如果能确定int的位就选择比较明确的int类型，因为这会让你的程序具备很好的可移植性。

在Go语言中，还有一种字节（byte）类型，它其实等价于uint8类型，可以理解为uint8类型的别名，用于定义一个字节，所以字节（byte）类型也属于整型。

2.2.2　浮点型

浮点数代表现实中的小数。Go语言提供了两种精度的浮点数，分别是float32和float64。项目中最常用的是float64，因为它的精度高，浮点计算的结果相比float32误差会更小。

下面的代码示例定义了两个变量f32和f64，它们的类型分别为float32和float64。

```
ch02/main.go
var f32 float32 = 2.2
var f64 float64 = 10.3456
fmt.Println("f32 is",f32,",f64 is",f64)
```

运行这段程序，会看到如下结果：

```
$ go run ch02/main.go
f32 is 2.2 ,f64 is 10.3456
```

特别注意：在演示示例的时候，我会尽可能地贴出演示需要的核心代码，也就是说，会省略package语句和main函数。如果没有特别说明，这些核心代码都是放在main函数中的，可以直接运行。

2.2.3 布尔型

布尔型的值只有两种——true 和 false，它们分别代表现实中的“是”和“否”。它们的值会经常被用于一些判断中，比如 if 语句（以后的章节会详细介绍）等。Go 语言中的布尔型使用关键字 bool 定义。

下面的代码声明了两个变量，你可以自己运行，看看输出的结果。

```
ch02/main.go
var bf bool = false
var bt bool = true
fmt.Println("bf is",bf,",bt is",bt)
```

布尔值可以用于一元操作符“！”，该操作符表示逻辑非的意思，也可以用于二元操作符 && 和 ||，它们分别表示逻辑与和逻辑或。

2.2.4 字符串

Go 语言中的 string 可以表示任意的字符串，比如以下代码，在 Go 语言中，字符串通过类型 string 声明：

```
ch02/main.go
var s1 string = "Hello"
var s2 string = "世界"
fmt.Println("s1 is",s1,",s2 is",s2)
```

运行程序就可以看到打印的字符串结果。

在 Go 语言中，可以通过操作符“+”把字符串连接起来，得到一个新的字符串，比如将上面的 s1 和 s2 连接起来，如下所示：

```
ch02/main.go
fmt.Println("s1+s2=",s1+s2)
```

由于 s1 表示字符串“Hello”，s2 表示字符串“世界”，在终端输入 `go run ch02/main.go` 后，就可以打印出它们连接起来的结果“Hello 世界”，如以下代码所示：

```
s1+s2 = Hello 世界
```

字符串也可以通过 += 运算符操作，你自己可以试试 `s1+=s2` 会得到什么新的字符串。

2.2.5 零值

零值其实就是一个变量的默认值，在 Go 语言中，如果我们声明了一个变量，但是没有对其进行初始化，那么 Go 语言会自动将其值初始化为对应类型的零值。比如数字类型的零值是 0，布尔型的零值是 false，字符串的零值是空字符串（""）等。

通过下面的代码示例，可以验证这些基础类型的零值：

```go
ch02/main.go
var zi int
var zf float64
var zb bool
var zs string
fmt.Println(zi,zf,zb,zs)
```

2.3 变量

2.3.1 变量简短声明

你可能已经注意到，上面我们演示的示例都有一个 var 关键字，但是这样写代码很烦琐。借助类型推导，Go 语言提供了变量的简短声明功能，声明的结构如下：

```
变量名 := 表达式
```

借助 Go 语言的简短声明功能，变量声明会非常简洁，比如以上示例中的变量，可以通过如下代码进行简短声明：

```go
i:=10
bf:=false
s1:="Hello"
```

在实际的项目实战中，如果你能为声明的变量进行初始化，那么就选择简短声明方式，这种方式也是使用最多的。

2.3.2 指针

在 Go 语言中，指针对应的是变量在内存中的存储位置，也就说指针的值就是变量的内存地址。通过 & 可以获取一个变量的地址，也就是指针。

在以下代码中，pi 就是指向变量 i 的指针。要想获得指针 pi 指向的变量值，使用 *pi 这个表达式即可。尝试运行这段程序，会看到输出结果与变量 i 的值一样。

```go
pi:=&i
fmt.Println(*pi)
```

2.3.3 赋值

在讲变量的时候，我说过变量是可以修改的，那么怎么修改呢？这就是赋值语句要做的事情。最常用也最简单的赋值语句如下面的代码所示：

```go
i = 20
fmt.Println("i 的新值是 ",i)
```

这样变量 i 就被修改了，它的新值是 20。

2.4 常量

一门编程语言有变量就有常量，Go语言也不例外。在程序中，常量的值是在编译期就确定好的，一旦确定好之后就不能被修改，这样可以防止在运行期被恶意篡改。

2.4.1 常量的定义

常量的定义和变量类似，只不过它的关键字是const。

下面的示例定义了一个常量name，它的值是“飞雪无情”。因为Go语言支持类型推导，所以在常量声明时也可以省略类型。

```
ch02/main.go
const name = "飞雪无情"
```

在Go语言中，只允许布尔型、字符串、数字类型这些基础类型作为常量。

2.4.2 iota

iota是一个常量生成器，它可以用来初始化相似规则的常量，避免重复地初始化。假设我们要定义one、two、three和four四个常量，对应的值分别是1、2、3和4，如果不使用iota，则需要按照如下代码的方式定义：

```
const(
    one = 1
    two = 2
    three = 3
    four = 4
)
```

以上声明都要初始化，会比较烦琐，因为这些常量是有规律的（连续的数字），所以可以使用iota进行声明，如下所示：

```
const(
    one = iota+1
    two
    three
    four
)
fmt.Println(one,two,three,four)
```

运行程序，会发现打印的值与上面初始化的一样，也是1、2、3、4。

iota的初始值是0，它的能力就是在每一个有常量声明的行后面“加1”，下面我来分解上面的常量：

1）one=(0)+1，这时候iota的值为0，经过计算后，one的值为1。

2）two=(0+1)+1，这时候iota的值会加1，变成了1，经过计算后，two的值为2。

3）three=（0+1+1）+1，这时候iota的值会再加1，变成了2，经过计算后，three的值为3。

4）four=（0+1+1+1）+1，这时候iota的值会继续加1，变成了3，经过计算后，four的值为4。

如果定义更多的常量，就以此类推，其中括号内的表达式，表示“iota+1”的过程。

2.5 字符串的使用

字符串是Go语言中常用的类型，在前面的基础类型小节中已经有过基本的介绍，本节会为你更详细地介绍字符串的使用。

2.5.1 字符串和数字互转

Go语言是强类型语言，也就是说不同类型的变量是无法相互使用和计算的，这也是为了保证Go程序的健壮性，所以不同类型的变量在进行赋值或者计算前，需要先进行类型转换。涉及类型转换的知识点非常多，这里我先介绍这些基础类型之间的转换，更复杂的会在后面的章节介绍。

这里以字符串和数字互转这种最常见的情况为例，代码如下所示：

```
ch02/main.go
i2s:=strconv.Itoa(i)
s2i,err:=strconv.Atoi(i2s)
fmt.Println(i2s,s2i,err)
```

通过包strconv的Itoa函数可以把一个int类型转为string类型，Atoi函数则用来把string类型转为int类型。

同理对于浮点数、布尔型，Go语言提供了strconv.ParseFloat、strconv.ParseBool、strconv.FormatFloat和strconv.FormatBool进行互转，你可以自己试试。

对于数字类型之间，则可以使用强制转换的方式，如以下代码所示：

```
i2f:=float64(i)
f2i:=int(f64)
fmt.Println(i2f,f2i)
```

这种方式比较简单，采用“类型（要转换的变量）”格式即可。采用强制转换的方式转换数字类型，可能会丢失一些精度，比如浮点型转为整型时，小数点部分会全部丢失，你可以自己运行上述示例，验证结果。

把变量转换为相应的类型后，就可以对相同类型的变量进行各种表达式的运算和赋值了。

2.5.2 strings 包

讲到基础类型，尤其是字符串，不得不提 Go SDK 为我们提供的一个标准包 strings。它是用于处理字符串的工具包，里面有很多常用的函数，帮助我们对字符串进行操作，比如查找字符串、去除字符串的空格、拆分字符串、判断字符串是否有某个前缀或者后缀等。掌握好它，有利于高效编程。

以下代码是关于 strings 包的一些例子，你可以根据官方文档自己写一些示例，多练习并熟悉它们。

```
ch02/main.go
//判断s1的前缀是否是H
fmt.Println(strings.HasPrefix(s1,"H"))
//在s1中查找字符串o
fmt.Println(strings.Index(s1,"o"))
//把s1全部转为大写
fmt.Println(strings.ToUpper(s1))
```

2.6 小结

本章讲解了变量、常量的声明、初始化，以及变量的简短声明，同时介绍了常用的基础类型、数字和字符串的转换以及 strings 工具包的使用，有了这些，你就可以写出功能更强大的程序。

在基础类型中，还有一个没有介绍——复数，它不常用，就留给你来探索。这里给你一个提示：复数是用 complex 这个内置函数创建的。

本章的思考题：如何在一个字符串中查找某个字符串是否存在？提示一下，Go 语言自带的 strings 包里有现成的函数哦。

下一章将介绍 Go 语言的控制结构，如 if、switch 等，让你可以更加灵活地控制程序的执行流程。

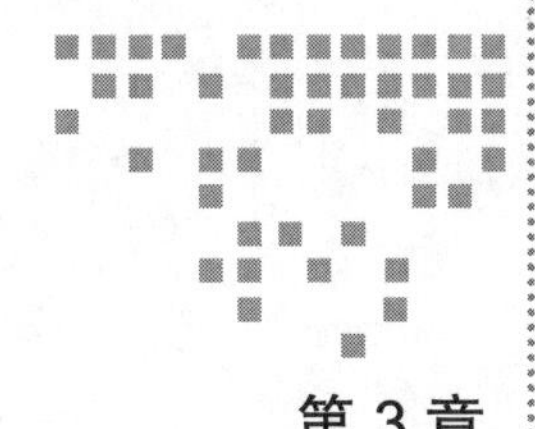

第3章 Chapter 3

控制结构：if、for、switch那些事儿

在第2章中我留了一个思考题，在一个字符串中查找是否存在另外一个字符串，这里要用到strings工具包中的字符串查找函数Index。假如我需要在“飞雪无情”这个字符串中查找“飞雪”，可以这么做：

```
i:=strings.Index("飞雪无情","飞雪")
```

Go语言标准库为我们提供了一些常用的函数，我们可以使用它们来减少开发的工作量。

在本章我们继续讲解Go语言，内容是：Go语言代码逻辑的控制。

流程控制语句用于控制程序的执行顺序，这样你的程序就具备了逻辑结构。一般流程控制语句需要与各种条件结合使用，比如用于条件判断的if、用于选择的switch、用于循环的for等。这一章会为你详细介绍它们，通过示例演示它们的使用方式。

3.1 if条件语句

if语句是条件语句，它根据布尔表达式的值来决定选择执行哪个分支：如果表达式的值为true，则if分支被执行；如果表达式的值为false，则else分支被执行。下面，我们来看一个if条件语句示例：

```
ch03/main.go
func main() {
    i:=10
```

```
    if i>10 {
        fmt.Println("i>10")
    } else {
        fmt.Println("i<=10")
    }
}
```

这是一个非常简单的if…else条件语句，当`i>10`为true的时候，if分支被执行，否则就执行else分支。你自己可以运行这段代码，根据打印结果来进行验证。

关于if条件语句的使用，有如下规则：

1）if后面的条件表达式不需要使用“()”，这与有些编程语言不一样，也体现了Go语言的简洁。

2）每个条件分支（if或者else）中的大括号是必需的，哪怕大括号里只有一行代码（如示例）。

3）if紧跟的大括号“{”不能独占一行，else前的大括号“}”也不能独占一行，否则编译不会通过。

4）在if…else条件语句中还可以增加多个else if，以增加更多的条件分支。

通过`go run ch03/main.go`运行下面的这段代码，会看到输出了`5<i<=10`，这说明代码中的`else if i>5 && i<=10`成立，该分支被执行。

```
ch03/main.go
func main() {
    i:=6

    if i>10 {
        fmt.Println("i>10")
    } else if  i>5 && i<=10 {
        fmt.Println("5<i<=10")
    } else {
        fmt.Println("i<=5")
    }
}
```

你可以通过修改i的初始值，来验证其他分支的执行情况。

你还可以增加更多的else if，以增加更多的条件分支，不过这种方式不被推荐，因为代码可读性差，多个条件分支可以使用后面讲到的switch代替，使代码更简洁。

与其他编程语言不同，在Go语言的if语句中，可以有一个简单的表达式语句，并且该语句和条件语句之间使用分号分开。对于以上示例，我使用这种方式对其进行改造，如下面代码所示：

```
ch03/main.go
func main() {
    if i:=6; i>10 {
```

```
        fmt.Println("i>10")
    } else if  i>5 && i<=10 {
        fmt.Println("5<i<=10")
    } else {
        fmt.Println("i<=5")
    }
}
```

在if关键字之后，i>10条件语句之前，通过分号分隔一个简单的语句i:=6。这个简单语句主要用来在if条件判断之前做一些初始化工作。这样修改之后，可以发现输出结果是一样的。

通过if的简单语句声明的变量，只能在整个if…else if…else条件语句中使用，比如以上示例中的变量i。

3.2　switch选择语句

if条件语句比较适合分支较少的情况，如果有很多分支的话，选择switch会更方便，比如以上示例，使用switch改造后的代码如下：

```
ch03/main.go
switch i:=6;{
case i>10:
    fmt.Println("i>10")
case i>5 && i<=10:
    fmt.Println("5<i<=10")
default:
    fmt.Println("i<=5")
}
```

switch语句也可以用一个简单的语句来做初始化，同样也是用分号分隔。每一个case就是一个分支，分支条件为true时该分支才会执行，而且case分支后的条件表达式也不用括号“()”包裹。

在Go语言中，对switch的case从上到下逐一进行判断，一旦满足条件，就立即执行对应的分支并返回，其余分支不再做判断。也就是说在默认情况下，Go语言中switch的case最后自带break。这与其他编程语言不一样，比如C语言必须要有明确的break才能退出case分支。Go语言的这种设计就是为了防止因忘记写break，下一个case被执行。

那么如果你的确需要执行下一个紧跟的case，该怎么办呢？Go语言也考虑到了，它提供了fallthrough关键字。现在看一个例子，如下面的代码所示：

```
ch03/main.go
switch j:=1;j {
```

```
    case 1:
        fallthrough
    case 2:
        fmt.Println("1")
    default:
        fmt.Println(" 没有匹配 ")
    }
```

以上示例运行会输出 1，如果省略 `case 1:` 后面的 `fallthrough`，则不会有任何输出。

不知道你是否发现，与上一个例子对比，这个例子的 switch 后面是有表达式的，也就是输入了“;j”，而上一个例子的 switch 后只有一个用于初始化的简单语句。

当 switch 之后有表达式时，case 后的值就要与这个表达式的结果类型相同，比如这里的 j 是 int 类型，那么 case 后就只能使用 int 类型，如示例中的 case 1、case 2。如果是其他类型，比如使用 `case "a"`，会提示类型不匹配，无法编译通过。

而对于 switch 后省略表达式的情况，整个 switch 结构就和 if…else 条件语句等同了。

switch 后的表达式也没有太多限制，是一个合法的表达式即可，也不用一定要求是常量或者整数。你甚至可以像如下代码一样，直接把比较表达式放在 switch 之后：

ch03/main.go

```
switch 2>1 {
case true:
    fmt.Println("2>1")
case false:
    fmt.Println("2<=1")
}
```

所以 Go 语言的 switch 语句非常强大且灵活。

3.3 for 循环语句

当需要计算 1 到 100 的数字之和时，如果用代码将一个个数字加起来，会非常复杂，可读性也不好，这就体现出循环语句的存在价值了。

下面是一个经典的 for 循环示例，从这个示例中，我们可以分析出 for 循环由三部分组成，需要使用两个“;”分隔，如下所示：

ch03/main.go

```
sum:=0
for i:=1;i<=100;i++ {
    sum+=i
}
fmt.Println("the sum is",sum)
```

其中：

1）第一部分是一个简单语句，一般用于for循环的初始化，比如这里声明了一个变量i，并用i:=1对其进行初始化。

2）第二部分是for循环的条件，也就是说，它表示for循环什么时候结束。这里的条件是i<=100。

3）第三部分是更新语句，一般用于更新循环的变量，比如这里的i++，这样才能达到递增循环的目的。

需要特别留意的是，Go语言里的for循环非常强大，以上介绍的三部分都不是必需的，可以被省略。下面我来为你演示省略以上三部分后的效果。

如果你以前学过其他编程语言，可能会见到while这样的循环语句，在Go语言中没有while循环，但是可以通过for达到while的效果，如以下代码所示：

```
ch03/main.go
sum:=0
i:=1
for i<=100 {
    sum+=i
    i++
}
fmt.Println("the sum is",sum)
```

这个示例和上面的for示例的效果是一样的，但是这里的for后面只有i<=100这一个条件语句，也就是说，它达到了while的效果。

在Go语言中，同样支持使用continue、break来控制for循环：

1）continue可以跳出本次循环，继续执行下一个循环。

2）break可以跳出整个for循环，哪怕for循环没有执行完，也会强制终止。

现在我对上面计算100以内整数和的示例再进行修改，演示break的用法，如以下代码所示：

```
ch03/main.go
sum:=0
i:=1
for {
    sum+=i
    i++
    if i>100 {
        break
    }
}
fmt.Println("the sum is",sum)
```

这个示例使用的是没有任何条件的for循环，也称为for无限循环。此外，使用break退出无限循环，条件是i>100。

3.4 小结

这一章主要讲解 if、for 和 switch 这样的控制语句的基本用法，使用它们，你可以更好地控制程序的逻辑结构，以满足业务需求。

本章的思考题：任意举个例子，练习使用 continue 来控制 for 循环。

Go 语言提供的控制语句非常强大，本章并没有全部介绍，比如 switch 选择语句中的类型选择，for 循环语句中的 for range 等高级能力。这些高级能力我会在后面的章节中逐一介绍。接下来讲集合类型时，我就会详细地为你演示如何使用 for range 来遍历集合。

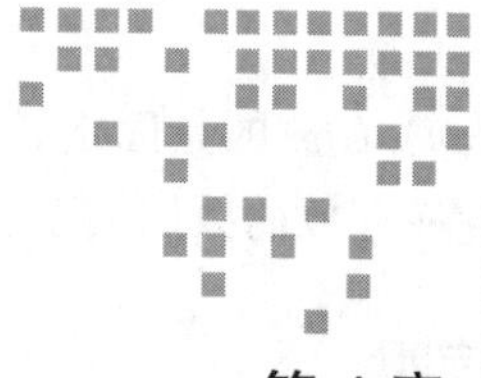

第 4 章 Chapter 4

集合类型：如何正确使用 array、slice 和 map

第 3 章的思考题是练习使用 for 循环中的 continue，通过第 3 章的学习，你已经了解 continue 是跳出本次循环的意思，现在我就以计算 100 以内的偶数之和为例，演示 continue 的用法：

```
sum := 0
for i=1; i<100; i++{
    if i%2!=0 {
        continue
    }
    sum+=i
}
fmt.Println("the sum is",sum)
```

这个示例的关键在于：如果 i 不是偶数，就会用 continue 跳出本次循环，继续下一次循环；如果是偶数，则继续执行 `sum+=i`，然后继续循环，这样就达到了只计算 100 以内偶数之和的目的。

下面开始本章的学习，我将介绍 Go 语言的集合类型。

在实际需求中，我们会有很多同一类型的元素放在一起的场景，这就是集合，如 100 个数字、10 个字符串等。在 Go 语言中，数组、切片、映射这些都是集合类型，用于存放同一类型元素。虽然都是集合，但它们的用处又不太一样，本章将为你详细介绍。

4.1 数组

数组（Array）存放的是固定长度、相同类型的数据，而且数组中的元素在内存中都是连续存放的。它所存放的数据类型没有限制，可以是整型、字符串，甚至是自定义类型。

4.1.1 数组声明

要声明一个数组非常简单，语法与第 2 章介绍的声明基础类型是一样的。

在下面的代码示例中，我声明了一个字符串数组，长度是 5，其类型定义为 `[5]string`，其中大括号中的元素用于初始化数组。此外，在类型名前加中括号（[]），并设置好长度，就可以通过它来推测数组的类型。

注意 [5]string 和 [4]string 不是同一种类型，也就是说长度也是数组类型的一部分。

ch04/main.go
```
array:=[5]string{"a","b","c","d","e"}
```

数组在内存中都是连续存放的，图 4-1 形象地展示了数组在内存中的存放。

可以看到，数组的每个元素都是连续存放的，每一个元素都有一个下标（Index）。下标从 0 开始，比如第一个元素 a 对应的下标是 0，第二个元素 b 对应的下标是 1。以此类推，通过 array+[下标] 的方式，我们可以快速地定位元素。

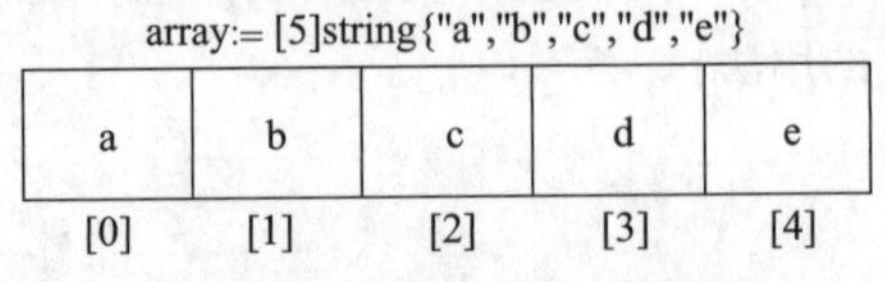

图 4-1 数组在内存中的存放

运行下面的代码，可以看到输出的结果是 c，也就是数组 array 的第三个元素：

ch04/main.go
```
func main() {
    array:=[5]string{"a","b","c","d","e"}
    fmt.Println(array[2])
}
```

在定义数组的时候，如果省略数组的长度，Go 语言会自动根据大括号（{}）中元素的个数推导出长度，所以以上示例也可以像下面这样声明：

```
array:=[...]string{"a","b","c","d","e"}
```

以上省略数组长度的声明只适用于所有元素都被初始化的数组，如果是只针对特定索引元素初始化的情况，就不适合了，如下示例：

```
array1:=[5]string{1:"b",3:"d"}
```

示例中的「1:"b",3:"d"」的意思表示初始化索引 1 的值为 b，初始化索引 3 的值为 d，整个数组的长度为5。如果我省略长度5，那么整个数组的长度只有4，显然不符合我们定义数组的初衷。

此外，对于没有初始化的索引，其默认值都是数组类型的零值，也就是string类型的零值，即空字符串（""）。

除了使用[]操作符根据索引快速定位数组的元素外，还可以通过for循环打印所有的数组元素，如下面的代码所示：

```
ch04/main.go
for i:=0;i<5;i++{
    fmt.Printf("数组索引:%d,对应值:%s\n", i, array[i])
}
```

4.1.2　数组循环

使用传统的for循环遍历数组，输出对应的索引和对应的值，这种方式很烦琐，一般不推荐，在大部分情况下，我们使用的是for range这种Go语言的新型循环，如下面的代码所示：

```
for i,v:=range array{
    fmt.Printf("数组索引:%d,对应值:%s\n", i, v)
}
```

这种方式和传统for循环的结果是一样的。对于数组，range表达式返回两个结果：

1）第一个是数组的索引。

2）第二个是数组的值。

在上面的示例中，把返回的两个结果分别赋值给i和v这两个变量，就可以使用它们了。

相比传统的for循环，for range要更简洁，如果返回的值用不到，可以使用下划线（_）丢弃，如下面的代码所示：

```
for _,v:=range array{
    fmt.Printf("对应值:%s\n", v)
}
```

这里，数组的索引就通过“_”被丢弃了，只使用了数组的值v。

4.2　切片

切片（Slice）与数组类似，可以把它理解为动态数组。切片是基于数组实现的，它的底层就是数组。对数组任意分隔，就可以得到切片。现在我们通过一个例子来更好地理解它，同样还是基于上述例子的array。

4.2.1 基于数组生成切片

下面代码中的 array[2:5] 就是获取一个切片的操作，它包含从数组 array 的索引 2 开始到索引 5 结束的元素：

```
array:=[5]string{"a","b","c","d","e"}
slice:=array[2:5]
fmt.Println(slice)
```

> 注意 这里是包含索引 2，但是不包含索引 5 的元素，即在“:”右边的数字不会被包含。

```
ch04/main.go
//基于数组生成切片，包含索引 start，但是不包含索引 end
slice:=array[start:end]
```

所以 array[2:5] 获取到的是 c、d、e 这三个元素，然后这三个元素作为一个切片赋值给变量 slice。

切片和数组一样，也可以通过索引定位元素。这里以新获取的 slice 切片为例，slice[0] 的值为 c，slice[1] 的值为 d。

值得注意的是，在数组 array 中，元素 c 的索引其实是 2，但是对数组切片后，在新生成的切片 slice 中，它的索引是 0。虽然切片底层用的也是 array 数组，但是经过切片后，切片的索引范围改变了。

通过图 4-2 可以看出，切片是一个具备三个字段的数据结构，分别是指向数组的指针 data、长度 len 和容量 cap。

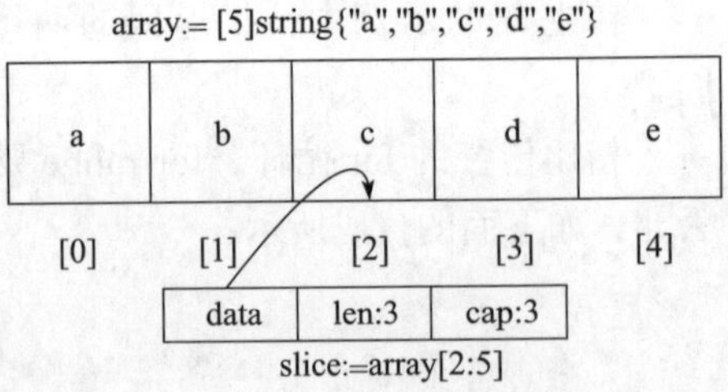

这里有一些小技巧，切片表达式 array[start:end] 中的 start 和 end 索引都是可以省略的，如果省略 start，那么 start 的值默认为 0，如果省略 end，那么 end 的默认值为数组的长度。如下面的示例：

1）array[:4] 等价于 array[0:4]。

2）array[1:] 等价于 array[1:5]。

3）array[:] 等价于 array[0:5]。

array:= [5]string{"a","b","c","d","e"}

a	b	c	d	e
[0]	[1]	[2]	[3]	[4]

data	len:3	cap:3

slice:=array[2:5]

图 4-2 切片的数据结构

4.2.2 切片的修改

切片的值也可以被修改，这里也同时可以证明切片的底层是数组。

对切片相应的索引元素赋值就是在修改切片的值。在下面的代码中，把切片 slice 索引 1 的值修改为 f，然后打印输出数组 array：

```
slice:=array[2:5]
slice[1] ="f"
fmt.Println(array)
```

可以看到如下结果：

```
[a b c f e]
```

数组对应的值已经被修改为f，所以这也证明了，基于数组的切片使用的底层数组还是原来的数组，一旦修改切片的元素值，那么底层数组对应的值也会被修改。

4.2.3　切片的声明

除了可以从一个数组得到切片外，还可以声明切片，比较简单的是使用make函数。

下面的代码声明了一个元素类型为string的切片，长度是4，make函数还可以传入一个容量参数：

```
slice1:=make([]string,4)
```

在下面的例子中，指定了新创建的切片的容量为8：

```
slice1:=make([]string,4,8)
```

这里需要注意的是，切片的容量不能比切片的长度小。

你已经知道切片的长度了，就是切片内元素的个数。那么容量是什么呢？其实就是切片的空间。

上面的示例说明，Go语言在内存上划分了一块容量为8的内容空间（容量为8），但是只有4个内存空间有元素（长度为4），其他的内存空间处于空闲状态，当通过append函数往切片中追加元素的时候，会追加到空闲的内存上，当切片的长度要超过容量的时候会进行扩容。

切片不仅可以通过make函数声明，也可以通过字面量的方式声明和初始化，如下所示：

```
slice1:=[]string{"a","b","c","d","e"}
fmt.Println(len(slice1),cap(slice1))
```

可以注意到，切片和数组的字面量初始化方式的差别就是中括号（[]）里的长度。此外，通过字面量初始化的切片，其长度和容量相同。

4.2.4　append函数

我们可以通过内置的append函数对一个切片追加元素，返回新切片，如下面的代码所示：

```
//追加一个元素
slice2:=append(slice1,"f")
```

```
//追加多个元素
slice2:=append(slice1,"f","g")
//追加另一个切片
slice2:=append(slice1,slice...)
```

append 函数可以有以上三种操作，你可以根据自己的实际需求进行选择，append 函数会自动处理切片容量不足而需要扩容的问题。

在创建新切片的时候，最好是让新切片的长度和容量一样，这样在追加操作的时候就会生成新的底层数组，从而与原有数组分离，就不会因为共用底层数组，导致修改内容的时候影响多个切片。

4.2.5 切片元素循环

切片的循环同数组一模一样，常用的也是 for range 方式，这里就不再举例，当作练习题留给你。

在 Go 语言开发中，相比数组，通常会优先选择切片作为函数的参数，因为它高效，内存占用小。

4.3 映射

在 Go 语言中，映射（Map）是一个无序的 K-V（键值对）集合，结构为 map[K]V。其中 K 对应 Key，V 对应 Value。map 中所有的 Key 必须具有相同的类型，Value 也一样，但 Key 和 Value 的类型可以不同。此外，Key 的类型必须支持 == 比较运算符，这样才可以判断它是否存在，并保证 Key 的唯一性。

4.3.1 创建和初始化 map

可以通过内置的 make 函数创建 map，如下面的代码所示：

```
nameAgeMap:=make(map[string]int)
```

它的 Key 类型为 string，Value 类型为 int。有了创建好的 map 变量，就可以对它进行操作了。

在下面的示例中，我添加了一个键值对，Key 为“飞雪无情”，Value 为 20，如果 Key 已经存在，则更新 Key 对应的 Value：

```
nameAgeMap["飞雪无情"] = 20
```

除了可以通过 make 函数创建 map 外，还可以通过字面量的方式创建 map。同样是上面的示例，我们可以用字面量的方式在创建map的同时添加键值对：

```
nameAgeMap:=map[string]int{"飞雪无情":20}
```

如果不想添加键值对，使用空大括号（{}）即可。要注意的是，大括号一定不能省略。

4.3.2　获取和删除map

map的操作与切片、数组的差不多，都是通过[]操作符，只不过数组切片的[]中是索引，而map的[]中是Key，如下面的代码所示：

```
//添加键值对或者更新对应 Key 的 Value
nameAgeMap["飞雪无情"] = 20

//获取指定 Key 对应的 Value
age:=nameAgeMap["飞雪无情"]
```

Go语言的map可以获取不存在的K-V键值对，如果Key不存在，返回的Value是该类型的零值，比如int类型的零值就是0。所以在很多时候，我们需要先判断map中的Key是否存在。

map的[]操作符可以返回两个值：

1）第一个值是对应的Value。

2）第二个值标记该Key是否存在，如果存在，它的值为true。

我们通过下面的代码进行演示：

```
ch04/main.go
nameAgeMap:=make(map[string]int)
nameAgeMap["飞雪无情"] = 20

age,ok:=nameAgeMap["飞雪无情1"]
if ok {
    fmt.Println(age)
}
```

在示例中，age是返回的Value，ok用来标记该Key是否存在，如果存在则打印age。

如果要删除map中的键值对，使用内置的delete函数即可，比如要删除nameAgeMap中Key为“飞雪无情”的键值对，我们可以用下面的代码进行演示：

```
delete(nameAgeMap,"飞雪无情")
```

delete有两个参数：第一个参数是map，第二个参数是要删除键值对的Key。

4.3.3　遍历map

map是一个键值对集合，它同样可以被遍历，在Go语言中，map的遍历使用for range循环。

对于 map，for range 返回两个值：

1）第一个是 map 的 Key。

2）第二个是 map 的 Value。

我们用下面的代码进行演示：

```
ch04/main.go
//测试 for range
nameAgeMap["飞雪无情"] = 20
nameAgeMap["飞雪无情1"] = 21
nameAgeMap["飞雪无情2"] = 22

for k,v:=range nameAgeMap{
    fmt.Println("Key is",k,",Value is",v)
}
```

需要注意的是 map 的遍历是无序的，也就是说每次遍历的键值对顺序可能会不一样。如果想按顺序遍历，可以先获取所有的 Key，并对 Key 排序，然后根据排序好的 Key 获取对应的 Value。这里我不再进行演示，你可以当作练习题。

小技巧 for range map 的时候，也可以只返回一个值。只返回一个值的时候，这个返回值默认是 map 的 Key。

4.3.4 获取 map 的大小

与数组、切片不一样，map 是没有容量的，它只有长度，也就是 map 的大小（键值对的个数）。要获取 map 的大小，使用内置的 len 函数即可，如下代码所示：

```
fmt.Println(len(nameAgeMap))
```

4.4 string 和 []byte

字符串 string 也是一个不可变的字节序列，所以可以直接转为字节切片 []byte，如下面的代码所示：

```
ch04/main.go
s:="Hello飞雪无情"
bs:=[]byte(s)
```

string 不止可以直接转为 []byte，还可以使用 [] 操作符来获取指定索引的字节值，如以下示例：

```
ch04/main.go
s:="Hello 飞雪无情 "
bs:=[]byte(s)
fmt.Println(bs)
fmt.Println(s[0],s[1],s[15])
```

你可能会有疑惑，在这个示例中，字符串 s 里的字母和中文加起来不是 9 个字符吗？怎么可以使用超过 9 的索引（如 s[15]）呢？其实恰恰就是因为字符串是字节序列，每一个索引对应的是一个字节，而在 UTF8 编码下，一个汉字对应三个字节，所以字符串 s 的长度其实是 17。

运行下面的代码，就可以看到打印的结果是 17。

```
fmt.Println(len(s))
```

如果你想把一个汉字当成一个长度计算，可以使用 utf8.RuneCountInString 函数。运行下面的代码，可以看到打印结果是 9，也就是 9 个 Unicode（utf8）字符，与我们看到的字符个数一致。

```
fmt.Println(utf8.RuneCountInString(s))
```

而使用 for range 对字符串进行循环时，也恰好是按照 Unicode 字符进行循环的，所以对于字符串 s 来说，循环了 9 次。

在下面示例的代码中，i 是索引，r 是 Unicode 字符对应的 Unicode 码点，这也说明了 for range 循环在处理字符串的时候，会自动地隐式解码为 Unicode 字符串。

```
ch04/main.go
for i,r:=range s{
    fmt.Println(i,r)
}
```

4.5　小结

本章到这里就要结束了，在这一章里我讲解了数组、切片和映射的声明和使用，有了这些集合类型，你就可以把需要的某一类数据放到集合类型中了，比如获取用户列表、商品列表等。

数组、切片还可以分为二维和多维，比如二维字节切片就是 [][]byte，三维就是 [][][]byte，因为不常用，所以本章没有详细介绍，你可以结合我讲的一维 []byte 切片自己尝试练习，这也是本章要给你留的思考题：创建一个二维数组并使用它。

此外，如果 map 的 Key 的类型是整型，并且集合中的元素比较少，应该尽量选择切片，因为切片的效率更高。在实际的项目开发中，数组并不常用，尤其是在函数间作为参数传递的时候，用得最多的是切片，它更灵活，并且内存占用少。

在下一章，我会为你讲解函数和方法，这也是我们代码复用、实现高效开发的第一步。

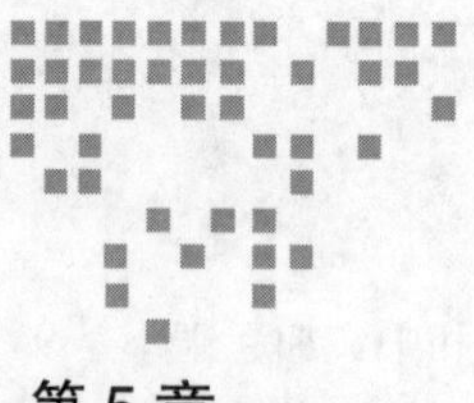

Chapter 5 第5章

函数和方法：如何区分函数和方法

上一章的思考题是创建一个二维数组并使用它。上一章主要介绍了一维数组，其实二维数组也很简单，我们仿照一维数组即可，如下面的代码所示：

```
aa:=[3][3]int{}
aa[0][0] =1
aa[0][1] =2
aa[0][2] =3
aa[1][0] =4
aa[1][1] =5
aa[1][2] =6
aa[2][0] =7
aa[2][1] =8
aa[2][2] =9
fmt.Println(aa)
```

相信你也完成了，现在我们学习函数和方法。

函数和方法是我们迈向代码复用、多人协作开发的第一步。通过函数，可以把开发任务分解成一个个小的单元，这些小单元可以被其他单元复用，进而提高开发效率、降低代码重合度。再加上现成的函数已经被充分测试和使用过，所以其他函数在使用这个函数时也更安全，相较自己重新写一个相似功能的函数，Bug 率也更低。

本章会详细讲解 Go 语言的函数和方法，了解它们的声明、使用和区别。虽然在 Go 语言中有函数和方法两种概念，但它们的相似度非常高，只是所属的对象不同。我们先从函数开始了解。

5.1　函数

5.1.1　函数初探

在前面的四章中，你已经见到了 Go 语言中一个非常重要的函数：main 函数，它是一个 Go 语言程序的入口函数，我在演示代码示例的时候，会一遍遍地使用它。

下面的示例就是一个 main 函数：

```
func main() {

}
```

它由以下几部分构成：

1）任何一个函数的定义都有一个 func 关键字，用于声明一个函数，就像使用 var 关键字声明一个变量一样。

2）然后紧跟的 main 是函数的名字，命名符合 Go 语言的规范即可，比如不能以数字开头。

3）main 函数名字后面的一对括号是不能省略的，括号里可以定义函数使用的参数，这里的 main 函数没有参数，所以是空括号。

4）括号后还可以有函数的返回值，因为 main 函数没有返回值，所以这里没有定义。

5）最后就是大括号（{}）函数体了，你可以在函数体里书写代码，写该函数自己的业务逻辑。

5.1.2　函数声明

经过上一小节的介绍，相信你已经对 Go 语言函数的构成有了一个比较清晰的了解，现在让我们一起总结函数的声明格式，如下面的代码所示：

```
func funcName(params) result {
    body
}
```

这就是一个函数的定义，它包含以下几个部分：

1）关键字 func。

2）函数名字 funcName。

3）函数的参数 params，用来定义形参的变量名和类型，可以有一个参数，也可以有多个，也可以没有。

4）result 用于定义返回值的类型，如果没有返回值，省略即可，也可以有多个返回值。

5）body 是函数体，可以在这里写函数的代码逻辑。

现在，我们根据上面的函数声明格式，自定义一个函数，如下所示：

```
ch05/main.go
func sum(a int,b int) int{
    return a+b
}
```

这是一个计算两数之和的函数，函数的名字是sum，它有两个参数a、b，参数的类型都是int。sum函数的返回值也是int类型，函数体部分就是把a和b相加，然后通过return关键字返回，如果函数没有返回值，就可以不使用return关键字。

终于可以声明自己的函数了，恭喜你迈出了一大步！

函数中形参的定义和我们定义变量是一样的，都是变量名称在前，变量类型在后，只不过在函数里，变量名称叫作参数名称，也就是函数的形参，形参只能在该函数体内使用。函数形参的值由调用者提供，这个值也称为函数的实参，现在我们传递实参给sum函数，以演示函数的调用，如下面的代码所示：

```
ch05/main.go
func main() {
    result:=sum(1,2)
    fmt.Println(result)
}
```

在main函数中直接调用我们自定义的sum函数，调用的时候需要提供真实的参数，也就是实参1和2。

函数的返回值被赋值给变量result，然后把这个结果打印出来。你可以自己运行一下，能看到结果是3，这样我们就通过函数sum达到了两数相加的目的。如果其他业务逻辑也需要两数相加，那么就可以直接使用这个sum函数，而不用再定义了。

在以上函数定义中，形参a和b的类型是一样的，这个时候我们可以省略其中一个类型的声明，如下所示：

```
func sum(a, b int) int {
    return a + b
}
```

像这样使用逗号分隔变量，后面统一使用int类型，这与变量的声明是一样的，多个相同类型的变量都可以这样声明。

5.1.3 多值返回

与有的编程语言不一样，Go语言的函数可以返回多个值，也就是多值返回。在Go语言的标准库中，你可以看到很多这样的函数：第一个值返回函数的结果，第二个值返回函数出错的信息，这种就是多值返回的经典应用。

对于sum函数，假设我们不允许提供的实参是负数，可以这样改造：在实参是负数的时候，通过多值返回，返回函数的错误信息，如下面的代码所示：

```go
ch05/main.go
func sum(a, b int) (int,error){
    if a<0 || b<0 {
        return 0,errors.New("a 或者 b 不能是负数 ")
    }
    return a + b,nil
}
```

这里需要注意的是，如果函数有多个返回值，返回值部分的类型定义需要使用小括号括起来，也就是 (int,error)。这代表函数 sum 有两个返回值，第一个是 int 类型，第二个是 error 类型，我们在函数体中使用 return 返回结果的时候，也要符合这个类型顺序。

在函数体中，可以使用 return 返回多个值，返回的多个值通过逗号分隔即可，返回多个值的类型顺序要与函数声明的返回类型顺序一致，比如下面的例子：

```go
return 0,errors.New("a 或者 b 不能是负数 ")
```

返回的第一个值 0 是 int 类型，第二个值是 error 类型，与函数定义的返回类型完全一致。

定义好了多值返回的函数，现在我们尝试用如下代码对其进行调用：

```go
ch05/main.go
func main() {
    result,err := sum(1, 2)
    if err!=nil {
        fmt.Println(err)
    }else {
        fmt.Println(result)
    }
}
```

函数有多值返回的时候，需要有多个变量接收它的值，示例中使用了 result 和 err 变量，并使用逗号分开。

如果有的函数返回值不需要，可以使用下划线（_）丢弃它，这种方式在讲解 for range 循环的章节里也使用过，如下所示：

```go
result,_ := sum(1, 2)
```

这样既可忽略函数 sum 返回的错误信息，也不用再做判断。

提示　这里使用的 error 是 Go 语言内置的一个接口，用于表示程序的错误信息，后续章节会详细介绍。

5.1.4　返回值命名

不止函数的参数可以有变量名称，函数的返回值也可以，也就是说你可以为每个返回值都起一个名字，这个名字可以像参数一样在函数体内使用。

现在我们继续对 sum 函数的例子进行改造，为其返回值命名，如下面的代码所示：

```
ch05/main.go
func sum(a, b int) (sum int,err error){
    if a<0 || b<0 {
        return 0,errors.New("a 或者 b 不能是负数 ")
    }
    sum=a+b
    err=nil
    return
}
```

返回值的命名与参数、变量命名一样，名称在前，类型在后。在以上示例中，对两个返回值进行了命名，一个是 sum，一个是 err，这样就可以在函数体中使用它们了。

下面的示例直接为命名的返回值赋值，也就等于函数有了返回值，所以可以忽略 return 的返回值，也就是说，示例中只有一个 return，return 后没有要返回的值。

```
sum=a+b
err=nil
```

使用为命名的返回值赋值的方式，和直接使用 return 返回值的方式，结果是一样的，所以调用以上 sum 函数，返回的结果也一样。

虽然 Go 语言支持函数返回值命名，但这并不是太常用，可以根据自己的需求情况，酌情选择是否对函数返回值命名。

5.1.5 可变参数

可变参数就是函数的参数数量是可变的，比如最常见的 fmt.Println 函数。

同样一个函数，可以不传参数，可以传一个参数，可以传两个参数，还可以传多个参数，等等，这种函数就是具有可变参数的函数，如下所示：

```
fmt.Println()
fmt.Println(" 飞雪 ")
fmt.Println(" 飞雪 "," 无情 ")
```

下面演示的是 Println 函数的声明，从中可以看到，定义可变参数，只要在参数类型前加三个点（...）即可：

```
func Println(a ...interface{}) (n int, err error)
```

现在我们也可以定义自己的带可变参数的函数了。还是以 sum 函数为例，在下面的代码中，我通过可变参数的方式，计算调用者传递的所有实参的和：

```
ch05/main.go
func sum1(params ...int) int {
```

```
    sum := 0
    for _, i := range params {
        sum += i
    }
    return sum
}
```

为了便于与 sum 函数区分，我定义了函数 sum1，该函数的参数是一个可变参数，然后通过 for range 循环来计算这些参数之和。

讲到这里，相信你也看明白了，可变参数的类型其实就是切片，比如示例中 params 参数的类型是 []int，所以可以使用 for range 进行循环。

函数有了可变参数，就可以灵活使用它了。

如下面的调用者示例，传递几个参数都可以，非常方便，也更灵活：

```
ch05/main.go
fmt.Println(sum1(1,2))
fmt.Println(sum1(1,2,3))
fmt.Println(sum1(1,2,3,4))
```

这里需要注意的是，如果你定义的函数中既有普通参数，又有可变参数，那么可变参数一定要放在参数列表的最末尾，比如 sum1(tip string,params …int) 中的可变参数 params。

5.1.6 包级函数

不管是自定义的函数 sum、sum1，还是我们前面多次使用过的函数 Println，都会从属于一个包（package）。sum 函数属于 main 包，Println 函数属于 fmt 包。

同一个包中的函数哪怕是私有的（函数名称首字母小写）也可以被调用。如果不同包的函数要被调用，那么函数的作用域必须是公有的，也就是函数名称的首字母要大写，比如 Println。

在后面的一些章节中，我会对包、作用域和模块化做详细讲解，这里可以先记住：

1）函数名称首字母小写代表私有函数，只有在同一个包中才可以被调用。

2）函数名称首字母大写代表公有函数，在不同的包中也可以被调用。

3）任何一个函数都会从属于一个包。

提示 Go 语言没有用 public、private 这样的修饰符来修饰函数是公有还是私有，而是通过函数名称的首字母大小写来代表，这样省略了烦琐的修饰符，使之更简洁。

5.1.7 匿名函数和闭包

顾名思义，匿名函数就是没有名字的函数，这是它与正常函数的主要区别。

在下面的示例中，变量sum2所对应的值就是一个匿名函数。需要注意的是，这里的sum2只是一个函数类型的变量，并不是函数的名字。

```
ch05/main.go
func main() {
    sum2 := func(a, b int) int {
        return a + b
    }
    fmt.Println(sum2(1, 2))
}
```

通过sum2，我们可以对匿名函数进行调用，以上示例算出的结果是3，与使用正常的函数一样。

有了匿名函数，就可以在函数中再定义函数（函数嵌套），定义的这个匿名函数也可以被称为内部函数。更重要的是，在函数内定义的内部函数，可以使用外部函数的变量等，这种方式也称为闭包。

我们用下面的代码进行演示：

```
ch05/main.go
func main() {
    cl:=colsure()
    fmt.Println(cl())
    fmt.Println(cl())
    fmt.Println(cl())
}

func colsure() func() int {
    i:=0
    return func() int {
        i++
        return i
    }
}
```

运行这个代码，你会看到输出的结果是：

```
1
2
3
```

这都得益于匿名函数闭包的能力，让我们自定义的colsure函数可以返回一个匿名函数，并且该匿名函数持有外部函数colsure的变量i。因而在main函数中，每调用一次cl()，i的值都会加1。

> **提示** 在Go语言中，函数也是一种类型，它也可以被用来声明函数类型的变量、参数或者作为另一个函数的返回值类型。

5.2 方法

5.2.1 不同于函数的方法

在Go语言中，方法和函数是两个概念，但又非常相似，不同点在于方法必须要有一个接收者，这个接收者是一个类型，这样方法就与这个类型绑定在一起，称为这个类型的方法。

在下面的示例中，`type Age uint`表示定义一个新类型Age，该类型等价于uint，可以理解为类型uint的重命名。其中type是Go语言关键字，表示定义一个类型，在结构体和接口的章节中我会详细介绍。

ch05/main.go

```
type Age uint

func (age Age) String(){
    fmt.Println("the age is",age)
}
```

示例中方法String()就是类型Age的方法，类型Age是方法String()的接收者。

与函数不同，定义方法时会在关键字func和方法名String之间加一个接收者`(age Age)`，接收者使用小括号包围。

接收者的定义和普通变量、函数参数等一样，前面是变量名，后面是接收者类型。

现在方法String()就和类型Age绑定在一起了，String()是类型Age的方法。

定义了接收者的方法后，就可以通过点操作符来调用方法，如下面的代码所示：

ch05/main.go

```
func main() {
    age:=Age(25)
    age.String()
}
```

运行这段代码，可以看到如下输出：

```
the age is 25
```

接收者就是函数和方法的最大不同，此外，上面所讲到的函数具备的能力，方法也都具备。

提示　因为25也是uint类型，uint类型等价于我定义的Age类型，所以25可以强制转换为Age类型。

5.2.2 值和指针类型接收者

方法的接收者除了可以是值类型（比如上一小节的示例），也可以是指针类型。

如果定义的方法的接收者类型是指针，我们对指针的修改就是有效的，如果不是指针，修改就没有效果，如下所示：

```
ch05/main.go
func (age *Age) Modify(){
    *age = Age(30)
}
```

调用一次Modify方法后，再调用String方法查看结果，会发现已经变成30了，说明基于指针的修改有效，如下所示：

```
age:=Age(25)
age.String()
age.Modify()
age.String()
```

> **提示** 在调用方法的时候，传递的接收者本质上都是副本，只不过一个是这个值的副本，一个是指向这个值的指针的副本。指针具有指向原有值的特性，所以修改了指针指向的值，也就修改了原有的值。我们可以简单地理解为值接收者使用的是值的副本来调用方法，而指针接收者使用实际的值来调用方法。

示例中调用指针接收者方法的时候，使用的是一个值类型的变量，并不是一个指针类型，其实这里使用指针变量调用也是可以的，如下面的代码所示：

```
(&age).Modify()
```

这是因为Go语言编译器帮我们自动做了如下事情：

- 如果使用一个值类型变量调用指针类型接收者的方法，Go语言编译器会自动帮我们取指针调用，以满足指针接收者的要求。
- 同样的原理，如果使用一个指针类型变量调用值类型接收者的方法，Go语言编译器会自动帮我们解引用调用，以满足值类型接收者的要求。

总之，方法的调用者既可以是值也可以是指针，不用太关注这些，Go语言会帮我们自动转义，这大大提高了开发效率，同时避免因不小心造成的Bug。

不管是使用值类型接收者，还是指针类型接收者，应先确定你的需求：在对类型进行操作的时候是要改变当前接收者的值，还是要创建一个新值进行返回？在明确了需求之后，就可以决定使用哪种接收者了。

5.3 小结

在Go语言中，虽然存在函数和方法两个概念，但是它们基本相同，不同的是所属的对象。函数属于一个包，方法属于一个类型，所以方法也可以简单地理解为与一个类型关联的函数。

不管是函数还是方法，它们都是代码复用的第一步，也是代码职责分离的基础。掌握好函数和方法，可以让你写出职责清晰、任务明确、可复用的代码，提高开发效率、降低 Bug 率。

本章的思考题：方法是否可以作为表达式赋值给一个变量？如果可以，如何通过这个变量调用方法？

在下一章，我会为你讲解 Go 语言的结构体和接口类型，通过它们可以对现实事物进行描述和定义，比如使用 Go 语言的结构体来描述一个人。

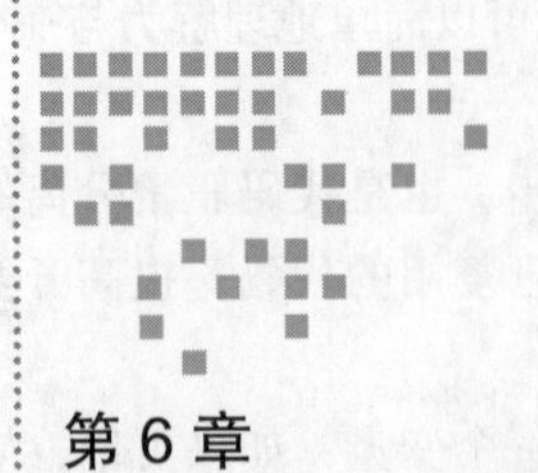

Chapter 6 第6章

struct 和 interface：隐式的接口实现

第5章留了一个思考题：方法是否可以作为表达式赋值给一个变量？如果可以，要怎么调用它呢？答案是完全可以，方法赋值给变量称为方法表达式，如下面的代码所示：

```
age:=Age(25)
//方法赋值给变量，方法表达式
sm:=Age.String
//通过变量调用方法时，要传一个接收者 age
sm(age)
```

我们知道，方法 String 其实是没有参数的，但是通过方法表达式赋值给变量 sm 后，在调用的时候，必须要传一个接收者，这样 sm 才知道怎么调用。

> 提示 不管方法是否有参数，通过方法表达式调用，第一个参数必须是接收者，然后才是方法自身的参数。

之前讲到的类型如整型、字符串等只能描述单一的对象，如果是聚合对象就无法描述了，比如一个人具备的名字、年龄和性别等信息，因为人是一个聚合对象，要想描述它，需要使用本章要讲的结构体。

6.1 结构体

6.1.1 结构体的定义

结构体（Struct）是一种聚合类型，里面可以包含任意类型的值，这些值就是我们定义的结构体的成员，也称为字段。在 Go 语言中，要自定义一个结构体，需要使用 type+struct 关键字组合。

在下面的例子中，我自定义了一个结构体类型，名称为 person，表示一个人。这个 person 结构体有两个字段：name 代表这个人的名字，age 代表这个人的年龄。

```
ch06/main.go
type person struct {
    name string
    age uint
}
```

在定义结构体时，字段的声明方法与平时声明一个变量是一样的，都是变量名在前，类型在后，只不过在结构体中，变量名称为成员名或字段名。

结构体的成员字段并不是必需的，也可以一个字段都没有，这种结构体称为空结构体。

根据以上信息，我们可以总结出结构体定义的格式，如下面的代码所示：

```
type structName struct{
    fieldName typeName
    ...

}
```

其中：

- type 和 struct 是 Go 语言的关键字，二者组合就代表要定义一个新的结构体类型。
- structName 是结构体类型的名字。
- fieldName 是结构体的字段名，而 typeName 是对应的字段类型。
- 字段可以是零个、一个或者多个。

提示 结构体也是一种类型，所以对于以后自定义的结构体，我会称为某结构体或某类型，两者是一个意思。比如 person 结构体和 person 类型其实是一个意思。

定义好结构体后就可以使用它了，因为它是一个聚合类型，所以可以比普通的类型携带更多数据。

6.1.2 声明和使用

结构体类型也可以使用与普通的字符串、整型一样的方式进行声明和初始化。

在下面的例子中，我声明了一个person类型的变量p，因为没有对变量p初始化，所以默认会使用结构体里字段的零值。

```
var p person
```

当然在声明一个结构体变量的时候，也可以通过结构体字面量的方式初始化，如下面的代码所示：

```
p:=person{"飞雪无情",30}
```

这里采用简短声明法，同时采用字面量初始化的方式，把结构体变量p的name初始化为“飞雪无情”，age初始化为30，以逗号分隔。

声明了一个结构体变量后就可以使用它了，下面我们运行以下代码，验证name和age的值是否与初始化的一样。

```
fmt.Println(p.name,p.age)
```

在Go语言中，访问一个结构体的字段与调用一个类型的方法一样，都是使用点操作符“.”。

采用字面量初始化结构体时，初始化值的顺序很重要，必须与字段定义的顺序一致。

在person这个结构体中，第一个字段是string类型的name，第二个字段是uint类型的age，所以在初始化的时候，初始化值的类型顺序必须一一对应，才能编译通过。也就是说，在示例`{"飞雪无情",30}`中，表示name的字符串“飞雪无情”必须在前，表示年龄的数字“30”必须在后。

那么是否可以不按照顺序初始化呢？当然可以，只不过需要指出字段名称，如下所示：

```
p:=person{age:30,name:"飞雪无情"}
```

其中，第一个位置是整型的age，也可以编译通过，因为我采用了明确的`field:value`方式进行指定，这样Go语言编译器会清晰地知道你要初始化哪个字段的值。

你有没有发现，这种方式与map类型的初始化类似，都是采用冒号分隔。Go语言尽可能地重用操作，不发明新的表达式，以便于我们记忆和使用。

当然你也可以只初始化字段age，字段name使用默认的零值，如下面的代码所示，仍然可以编译通过。

```
p:=person{age:30}
```

6.1.3 结构体的字段

结构体的字段可以是任意类型，包括自定义的结构体类型，比如下面的代码：

ch06/main.go
```
type person struct {
    name string
    age uint

    addr address
}

type address struct {
    province string
    city string
}
```

在这个示例中，我定义了两个结构体：person表示人，address表示地址。在结构体person中，有一个address类型的字段addr，而address类型是自定义的结构体。

通过这种方式，用代码描述现实中的实体会更匹配，复用程度也更高。对于嵌套结构体字段的结构体，其初始化与正常的结构体大同小异，只需要根据字段对应的类型初始化即可，如下面的代码所示：

ch06/main.go
```
    p:=person{
        age:30,
        name:"飞雪无情",
        addr:address{
            province: "北京",
            city:     "北京",
        },
    }
```

如果需要访问结构体最里层的province字段的值，同样也可以使用点操作符，只不过需要使用两个点，如下面的代码所示：

ch06/main.go
```
fmt.Println(p.addr.province)
```

第一个点获取addr，第二个点获取addr的province。

6.2　接口

6.2.1　接口的定义

接口（Interface）是与调用方的一种约定，它是一个高度抽象的类型，不用与具体的实现细节绑定在一起。接口要做的是定义好约定，告诉调用方自己可以做什么，但调用方不用知道它的内部实现，这与我们见到的具体类型如int、map、slice等不一样。

接口的定义与结构体稍微有些差别，虽然都以type关键字开始，但接口的关键字是

interface，表示定义的类型是一个接口。比如，在下面的代码中，Stringer 是一个接口，它有一个方法 String() string：

```
src/fmt/print.go
type Stringer interface {
    String() string
}
```

 Stringer 是 Go SDK 的一个接口，属于 fmt 包。

针对 Stringer 接口，它会告诉调用者可以通过它的 String() 方法获取一个字符串，这就是接口的约定。至于这个字符串是怎么获得的、是什么样的，接口不关心，调用者也不用关心，因为这些是由接口实现者来做的。

6.2.2 接口的实现

接口的实现者必须是一个具体的类型，继续以 person 结构体为例，让它来实现 Stringer 接口，如下面的代码所示：

```
ch06/main.go
func (p person) String()  string{
    return fmt.Sprintf("the name is %s,age is %d",p.name,p.age)
}
```

给结构体类型 person 定义一个方法，这个方法与接口里方法的签名（名称、参数和返回值）一样，这样结构体 person 就实现了 Stringer 接口。接口的实现并没有通过任何关键字（比如 Java 中的 implements），所以 Go 语言的接口是隐式实现的。

注意 如果一个接口有多个方法，那么需要实现接口的每个方法才算是实现了这个接口。

实现了 Stringer 接口后，就可以使用它了。我首先定义一个可以打印实现 Stringer 接口的函数，如下所示：

```
ch06/main.go
func printString(s fmt.Stringer){
    fmt.Println(s.String())
}
```

这个被定义的函数 printString 接收一个 Stringer 接口类型的参数，然后打印出 Stringer 接口的 String 方法返回的字符串。

printString 这个函数的优势在于它是面向接口编程的，只要一个类型实现了 Stringer 接口，就可以打印出对应的字符串，而不用考虑具体的类型实现。

因为person实现了Stringer接口，所以变量p可以作为函数printString的参数，可以用如下方式打印：

```
printString(p)
```

结果为：

```
the name is 飞雪无情,age is 30
```

现在让结构体address也实现Stringer接口，如下面的代码所示：

```
ch06/main.go
func (addr address) String()  string{
    return fmt.Sprintf("the addr is %s%s",addr.province,addr.city)
}
```

因为结构体address也实现了Stringer接口，所以printString函数不用做任何改变，可以直接被使用，打印出地址，如下所示：

```
printString(p.addr)
//输出：the addr is 北京北京
```

这就是面向接口的好处，只要定义和调用双方满足约定，就可以使用，而不用考虑具体实现。接口的实现者也可以更好地升级重构，而不会有任何影响，因为接口约定没有变。

6.2.3　值和指针类型接收者

我们已经知道，如果要实现一个接口，必须实现这个接口提供的所有方法，而且在上一章讲解方法的时候，我们也知道定义一个方法，有值类型接收者和指针类型接收者两种。二者都可以调用方法，因为Go语言编译器自动做了转换，所以值类型接收者和指针类型接收者是等价的。但是在接口的实现中，值类型接收者和指针类型接收者不一样，下面我会详细分析二者的区别。

在上一小节中，已经验证了结构体类型实现了Stringer接口，那么结构体对应的指针是否也实现了该接口呢？我通过下面这个代码进行测试：

```
printString(&p)
```

测试后会发现，把变量p的指针作为实参传给printString函数也是可以的，编译运行都正常。这就证明了以值类型接收者实现接口的时候，不管是类型本身，还是该类型的指针类型，都实现了该接口。

示例中值接收者（p person）实现了Stringer接口，那么类型person和它的指针类型*person就都实现了Stringer接口。

现在，我把接收者改成指针类型，如下代码所示：

```
func (p *person) String()  string{
    return fmt.Sprintf("the name is %s,age is %d",p.name,p.age)
}
```

修改成指针类型接收者后会发现，示例中这行 `printString(p)` 代码编译不通过，提示如下错误：

```
./main.go:17:13: cannot use p (type person) as type fmt.Stringer in argument
    to printString:
    person does not implement fmt.Stringer (String method has pointer receiver)
```

意思就是类型 person 没有实现 Stringer 接口。这就证明了以指针类型接收者实现接口的时候，只有对应的指针类型才被认为实现了该接口。

表 6-1 总结了这两种接收者类型的接口实现规则。

表 6-1　值类型接收者和指针类型接收者的接口实现规则

方法接收者	实现接口的类型
(p person)	person 和 *person
(p *person)	*person

可以这样解读：

❑ 当值类型作为接收者时，person 类型和 *person 类型都实现了该接口。

❑ 当指针类型作为接收者时，只有 *person 类型实现了该接口。

可以发现，实现接口的类型都有 *person，这也表明指针类型比较万能，不管哪一种接收者，它都能实现该接口。

6.3 工厂函数

工厂函数一般用于创建自定义的结构体，便于使用者调用。我们还是以 person 类型为例，用如下代码进行定义：

```
func NewPerson(name string) *person {
    return &person{name:name}
}
```

我定义了一个工厂函数 NewPerson，它接收一个 string 类型的参数，用于表示这个人的名字，同时返回一个 *person。

通过工厂函数创建自定义结构体的方式，可以让调用者不用太关注结构体内部的字段，只需要给工厂函数传参就可以了。

用下面的代码即可创建一个 *person 类型的变量 p1：

```
p1:=NewPerson("张三")
```

工厂函数也可以用来创建一个接口，它的好处就是可以隐藏内部具体类型的实现，让调用者只需关注接口的使用即可。

现在我以 errors.New 这个 Go 语言自带的工厂函数为例，演示如何通过工厂函数创建一个接口，并隐藏其内部实现，代码如下所示：

```
errors/errors.go
//工厂函数，返回一个 error 接口，其具体实现是 *errorString
func New(text string) error {
    return &errorString{text}
}

//结构体，内部有一个字段 s，存储错误信息
type errorString struct {
    s string
}

//用于实现 error 接口
func (e *errorString) Error() string {
    return e.s
}
```

其中，errorString 是一个结构体类型，它实现了 error 接口，所以可以通过 New 工厂函数，创建一个 *errorString 类型，通过接口 error 返回。

这就是面向接口的编程，假设重构代码，哪怕换一个其他结构体实现 error 接口，对调用者也没有影响，因为接口没变。

6.4 继承和组合

在 Go 语言中没有继承的概念，所以结构体、接口之间也没有父子关系，Go 语言提倡的是组合，利用组合达到代码复用的目的，这也更灵活。

我同样以 Go 语言 io 标准包自带的接口为例，讲解类型的组合（也可以称之为嵌套），如下代码所示：

```
type Reader interface {
    Read(p []byte) (n int, err error)
}
type Writer interface {
    Write(p []byte) (n int, err error)
}

//ReadWriter 是 Reader 和 Writer 的组合
type ReadWriter interface {
    Reader
    Writer
}
```

ReadWriter接口就是Reader和Writer的组合，组合后，ReadWriter接口具有Reader和Writer中的所有方法，这样新接口ReadWriter就不用定义自己的方法了，组合Reader和Writer的就可以了。

不止接口可以组合，结构体也可以组合，现在把address结构体组合到结构体person中，而不是当成一个字段，如下所示：

```
ch06/main.go
type person struct {
    name string
    age uint

    address
}
```

直接把结构体类型放进来，就是组合，不需要字段名。组合后，被组合的address称为内部类型，person称为外部类型。修改了person结构体后，声明和使用也需要一起修改，如下所示：

```
p:=person{
        age:30,
        name:"飞雪无情",
        address:address{
            province: "北京",
            city:     "北京",
        },
    }
//像使用自己的字段一样，直接使用
fmt.Println(p.province)
```

因为person组合了address，所以address的字段就像person自己的一样，可以直接使用。

类型组合后，外部类型不仅可以使用内部类型的字段，也可以使用内部类型的方法，就像使用自己的方法一样。如果外部类型定义了与内部类型同样的方法，那么外部类型会覆盖内部类型，这就是方法的覆写。关于方法的覆写，这里不再进行举例，你可以自己试一下。

方法覆写不会影响内部类型的方法实现。

6.5 类型断言

有了接口和实现接口的类型，就会有类型断言。类型断言用来判断一个接口的值是否是实现该接口的某个具体类型。

还是以我们上面小节的示例演示，我们先来回忆一下它们，如下所示：

```
func (p *person) String()  string{
    return fmt.Sprintf("the name is %s,age is %d",p.name,p.age)
}

func (addr address) String()  string{
    return fmt.Sprintf("the addr is %s%s",addr.province,addr.city)
}
```

可以看到，*person 和 address 都实现了接口 Stringer，然后我通过下面的示例讲解类型断言：

```
var s fmt.Stringer
s = p1
p2:=s.(*person)
fmt.Println(p2)
```

如上所示，接口变量 s 称为接口 fmt.Stringer 的值，它被 p1 赋值。然后使用类型断言表达式 s.(*person)，尝试返回一个 p2。如果接口的值 s 是 *person 类型，那么类型断言正确，可以正常返回 p2。如果接口的值 s 不是 *person 类型，那么在运行时就会抛出异常，程序终止运行。

提示 这里返回的 p2 已经是 *person 类型了，也就是在类型断言的时候，同时完成了类型转换。

在上面的示例中，因为 s 的确是 *person 类型，所以不会异常，可以正常返回 p2。但是如果我再添加如下代码，对 s 进行 address 类型断言，就会出现一些问题：

```
a:=s.(address)
fmt.Println(a)
```

这个代码在编译的时候不会有问题，因为 address 实现了接口 Stringer，但是在运行的时候，会抛出如下异常信息：

```
panic: interface conversion: fmt.Stringer is *main.person, not main.address
```

这显然不符合我们的初衷，我们本来想判断一个接口的值是否是某个具体类型，但不能因为判断失败就导致程序异常。考虑到这一点，Go 语言为我们提供了类型断言的多值返回，如下所示：

```
a,ok:=s.(address)
if ok {
```

```
    fmt.Println(a)
}else {
    fmt.Println("s 不是一个 address")
}
```

类型断言返回的第二个值ok就是断言是否成功的标志，如果为true则成功，否则失败。

6.6 小结

本章虽然只讲了结构体和接口，但是所涉及的知识点很多，整章内容比较长，希望你可以耐心地学完。

结构体是对现实世界的描述，接口是对某一类行为的规范和抽象。通过它们，我们可以实现代码的抽象和复用，同时可以面向接口编程，把具体实现细节隐藏起来，让写出来的代码更灵活，适应能力也更强。

本章的思考题：自己练习实现有两个方法的接口。

下一章会为你继续讲解Go语言对错误、异常的处理。

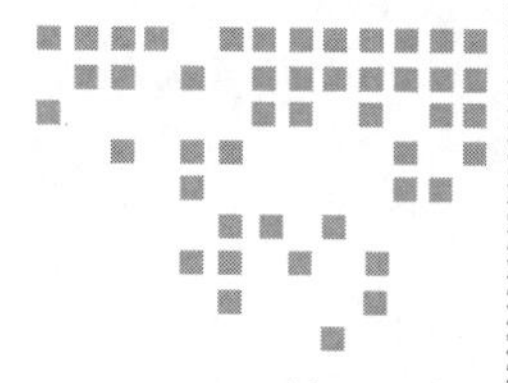

第 7 章 Chapter 7

错误处理：如何更优雅地处理程序异常和错误

上一章讲解了结构体和接口，并留了一个小作业，让你自己练习实现有两个方法的接口。现在我就以“人既会走也会跑”为例进行讲解。

首先定义一个接口 WalkRun，它有两个方法 Walk 和 Run，如下面的代码所示：

```
type WalkRun interface {
    Walk()
    Run()
}
```

现在就可以让结构体 person 实现这个接口了，如下所示：

```
func (p *person) Walk(){
    fmt.Printf("%s 能走 \n",p.name)
}

func (p *person) Run(){
    fmt.Printf("%s 能跑 \n",p.name)
}
```

关键点在于，让接口的每个方法都实现，也就实现了这个接口。

提示 %s 是占位符，与 p.name 的值对应，具体可以参考 fmt.Printf 函数的文档。

下面进行本章的讲解，这一章带你学习 Go 语言的错误和异常：在我们编写程序的时候，可能会遇到一些问题，该怎么处理它们呢？

7.1 错误

在 Go 语言中，如果错误是可以预期的，并且不是非常严重，不会影响程序的运行，那么对于这类问题，可以用返回错误给调用者的方法，让调用者自己决定如何处理。

7.1.1 error 接口

在 Go 语言中，错误是通过内置的 error 接口表示的。它非常简单，只有一个 Error 方法，用来返回具体的错误信息，如下面的代码所示：

```
type error interface {
    Error() string
}
```

在下面的代码中，我演示了一个字符串转整数的例子：

```
ch07/main.go
func main() {
    i,err:=strconv.Atoi("a")
    if err!=nil {
        fmt.Println(err)
    }else {
        fmt.Println(i)
    }
}
```

这里我故意使用了字符串 "a"，尝试把它转为整数。我们知道 "a" 是无法转为数字的，所以运行这段程序，会打印出如下错误信息：

```
strconv.Atoi: parsing "a": invalid syntax
```

这个错误信息就是通过接口 error 返回的。我们来看关于函数 strconv.Atoi 的定义，如下所示：

```
func Atoi(s string) (int, error)
```

一般而言，error 接口用于当方法或者函数执行遇到错误时返回错误信息，而且是第二个返回值。通过这种方式，可以让调用者自己根据错误信息决定如何进行下一步处理。

> 提示 因为方法和函数基本上差不多，区别只在于有无接收者，所以以后当我称方法或函数时，表达的是一个意思，而不会把这两个名字都写出来。

7.1.2　error 工厂函数

除了可以使用其他函数，自己定义的函数也可以返回错误信息给调用者，如下面的代码所示：

```
ch07/main.go
func add(a,b int) (int,error){
    if a<0 || b<0 {
        return 0,errors.New("a 或者 b 不能为负数 ")
    }else {
        return a+b,nil
    }
}
```

add 函数会在 a 或者 b 任何一个为负数的情况下，返回一个错误信息；如果 a、b 都不为负数，错误信息部分会返回 nil，这也是常见的做法。所以调用者可以通过错误信息是否为 nil 进行判断。

下面的 add 函数示例是使用 errors.New 这个工厂函数来生成错误信息的。errors.New 函数接收一个字符串参数，返回一个 error 接口，这些在上一章的结构体和接口部分有过详细介绍，不再赘述。

```
ch07/main.go
sum,err:=add(-1,2)
if err!=nil {
    fmt.Println(err)
}else {
    fmt.Println(sum)
}
```

7.1.3　自定义 error

你可能会想，上面采用工厂函数返回错误信息的方式只能传递一个字符串，也就是携带的信息只有字符串，如果想要携带更多信息（比如错误码信息），该怎么办呢？这个时候就需要自定义 error。

自定义 error 其实就是先自定义一个新类型，比如结构体，然后让这个类型实现 error 接口，如下面的代码所示：

```
ch07/main.go
type commonError struct {
    errorCode int //错误码
    errorMsg string //错误信息
}

func (ce *commonError) Error() string{
    return ce.errorMsg
}
```

有了自定义的error，就可以使用它携带更多的信息，现在我改造上面的例子，返回刚刚自定义的commonError，如下所示：

```
ch07/main.go
return 0, &commonError{
    errorCode: 1,
    errorMsg:  "a或者b不能为负数"}
```

我通过字面量的方式创建一个*commonError，并返回它，其中errorCode值为1，errorMsg值为“a或者b不能为负数”。

7.1.4 error断言

有了自定义的error，并且携带了更多的错误信息后，就可以使用这些信息了。你需要先把返回的error接口转换为自定义的错误类型，用到的知识是上一章的类型断言。

下面代码中的err.(*commonError)就是类型断言在error接口上的应用，也可以称为error断言。

```
ch07/main.go
sum, err := add(-1, 2)
if cm,ok:=err.(*commonError);ok{
   fmt.Println("错误代码为:",cm.errorCode,", 错误信息为: ",cm.errorMsg)
} else {
   fmt.Println(sum)
}
```

如果返回的ok为true，说明error断言成功，正确返回了*commonError类型的变量cm，所以就可以像示例中一样使用变量cm的errorCode和errorMsg字段信息了。

7.2 错误嵌套

7.2.1 Error Wrapping功能

error接口虽然比较简洁，但是功能也比较弱。想象一下，假如我们有这样的需求：基于一个存在的error再生成一个error，需要怎么做呢？这就是错误嵌套。

这种需求是存在的，比如调用一个函数，返回了一个错误信息error，在不想丢失这个error的情况下，又想添加一些额外信息返回新的error。这时候，我们首先想到的应该是自定义一个struct，如下面的代码所示：

```
type MyError struct {
    err error
    msg string
}
```

这个结构体有两个字段，其中error类型的err字段用于存放已存在的error，string类型的msg字段用于存放新的错误信息，这种方式就是error的嵌套。

现在让MyError这个结构体实现error接口，然后在初始化MyError的时候传递存在的error和新的错误信息，如下面的代码所示：

```
func (e *MyError) Error() string {
    return e.err.Error() + e.msg
}

func main() {
    //err是一个存在的错误，可以从另外一个函数返回
    newErr := MyError{err, "数据上传问题"}
}
```

这种方式可以满足我们的需求，但是非常烦琐，因为既要定义新的类型，还要实现error接口。所以从Go语言1.13版本开始，Go标准库新增了Error Wrapping功能，让我们可以基于一个存在的error生成新的error，并且可以保留原error信息，如下面的代码所示：

```
ch07/main.go
e := errors.New("原始错误e")
w := fmt.Errorf("Wrap了一个错误:%w", e)
fmt.Println(w)
```

Go语言没有提供Wrap函数，而是扩展了fmt.Errorf函数，然后加了一个“%w”，通过这种方式，便可以生成嵌套的error。

7.2.2 errors.Unwrap函数

既然error可以包裹嵌套生成一个新的error，那么也可以被解开，即通过errors.Unwrap函数得到被嵌套的error。

Go语言提供了errors.Unwrap用于获取被嵌套的error，比如以上例子中的错误变量w，就可以对它进行unwrap，获取被嵌套的原始错误e。

下面我们运行以下代码：

```
fmt.Println(errors.Unwrap(w))
```

可以看到这样的信息，即“原始错误e”。

```
原始错误e
```

7.2.3 errors.Is函数

有了Error Wrapping后，你会发现原来用的判断两个error是不是同一个error的方法失效了，比如Go语言标准库经常用到的如下代码中的方式：

```
if err == os.ErrExist
```

为什么会出现这种情况呢？由于 Go 语言的 Error Wrapping 功能令人不知道返回的 err 是否被嵌套，嵌套了几层。

于是 Go 语言为我们提供了 errors.Is 函数，用来判断两个 error 是否是同一个，如下所示：

```
func Is(err, target error) bool
```

以上就是 errors.Is 函数的定义，可以解释为：

- 如果 err 和 target 是同一个，那么返回 true。
- 如果 err 是一个 wrapping error，target 也包含在这个嵌套 error 链中的话，也返回 true。

可以简单地概括为，两个 error 相等或 err 包含 target 的情况下返回 true，其他情况下返回 false。我们可以用上面的示例判断错误 w 中是否包含错误 e，试试运行下面的代码，看看打印的结果是不是 true。

```
fmt.Println(errors.Is(w,e))
```

7.2.4 errors.As 函数

同样的原因，有了 error 嵌套后，error 断言也不能用了，因为你不知道一个 error 是否被嵌套，又嵌套了几层。所以 Go 语言为解决这个问题提供了 errors.As 函数，比如前面 error 断言的例子，可以使用 errors.As 函数重写，效果是一样的，如下面的代码所示：

```
ch07/main.go
var cm *commonError
if errors.As(err,&cm){
   fmt.Println("错误代码为:",cm.errorCode,", 错误信息为: ",cm.errorMsg)
} else {
   fmt.Println(sum)
}
```

所以在 Go 语言提供的 Error Wrapping 能力下，我们写的代码要尽可能地使用 Is、As 这些函数做判断和转换。

7.3 defer 函数

在一个自定义函数中，如果你打开了一个文件，那么之后你需要关闭它以释放资源。不管你的代码执行了多少分支，是否出现了错误，文件都是一定要关闭的，这样才能保证资源的释放。

如果这个事情由开发人员来做，在业务逻辑变复杂后就会非常麻烦，而且还有可能会忘记关闭。基于这种情况，Go 语言为我们提供了 defer 函数，可以保证文件的关闭操作一定会被执行，而不管你自定义的函数是出现异常还是出现错误。

下面的代码是 Go 语言标准包 ioutil 中的 ReadFile 函数，它需要打开一个文件，然后通过 defer 关键字确保在 ReadFile 函数执行结束后，f.Close() 方法被执行，这样文件的资源才一定会释放。

```
func ReadFile(filename string) ([]byte, error) {
    f, err := os.Open(filename)
    if err != nil {
        return nil, err
    }
    defer f.Close()
    //省略无关代码
    return readAll(f, n)
}
```

defer 关键字用于修饰一个函数或者方法，使得该函数或者方法在返回前执行，也就是说它们被延迟，但又可以保证一定会执行。

以上面的 ReadFile 函数为例，被 defer 修饰的 f.Close 方法延迟执行，也就是说会先执行 readAll(f, n)，然后在整个 ReadFile 函数返回前执行 f.Close 方法。

defer 语句常被用于成对的操作，如文件的打开和关闭、加锁和释放锁、连接的建立和断开等。不管多么复杂的操作，都可以保证资源被正确地释放。

7.4　panic 函数

Go 语言是一门静态的强类型语言，很多问题都尽可能地在编译时捕获，但是有一些只能在运行时检查，比如数组越界访问、不相同的类型强制转换等，这类运行时的问题会引起 panic 异常。

除了运行时可以产生 panic 异常外，我们自己也可以抛出 panic 异常。假设我需要连接 MySQL 数据库，可以写一个连接 MySQL 的函数 connectMySQL，如下面的代码所示：

```
ch07/main.go
func connectMySQL(ip,username,password string){
    if ip =="" {
        panic("ip不能为空")
    }
    //省略其他代码
}
```

在 connectMySQL 函数中，如果 ip 为空会直接抛出 panic 异常。这种逻辑是正确的，因为数据库无法连接成功的话，整个程序运行起来也没有意义，所以就抛出 panic 以终止程序的运行。

panic 是 Go 语言内置的函数，可以接收 interface{} 类型的参数，也就是任何类型的值都可以传递给 panic 函数，如下所示：

```
func panic(v interface{})
```

interface{} 是空接口的意思，在 Go 语言中代表任意类型。

panic 异常是一种非常严重的情况，会让程序中断运行，使程序崩溃，所以如果是不影响程序运行的错误，不要使用 panic，使用普通错误 error 即可。

7.5 recover 函数

通常情况下，我们不对 panic 异常做任何处理，因为既然它是影响程序运行的异常，就让它直接崩溃即可。但是也的确有一些特例，比如在程序崩溃前做一些资源释放的处理，这时候就需要从 panic 异常中恢复，才能完成处理。

在 Go 语言中，可以通过内置的 recover 函数恢复 panic 异常。因为在程序因 panic 异常崩溃的时候，只有被 defer 修饰的函数才能被执行，所以 recover 函数要结合 defer 关键字使用才能生效。

下面的示例是通过"defer 关键字 + 匿名函数 + recover 函数"从 panic 异常中恢复的方式。

```
ch07/main.go
func main() {
    defer func() {
        if p:=recover();p!=nil{
            fmt.Println(p)
        }
    }()
    connectMySQL("","root","123456")
}
```

运行这个代码，可以看到如下打印输出，这证明 recover 函数成功捕获了 panic 异常。

```
ip 不能为空
```

通过这个输出结果也可以发现，recover 函数返回的值就是通过 panic 函数传递的参数值。

7.6 小结

这一章主要讲述 Go 语言的错误处理机制，包括 error、defer、panic 等。在 error、panic 这两种错误机制中，Go 语言更提倡 error 这种轻量错误，而不是 panic。

本章的思考题：一个函数中可以有多个 defer 语句吗？如果可以的话，它们的执行顺序是怎样的？可以先思考一下，然后通过写代码的方式验证是否正确。

下一章进入本书的第二部分：Go 语言的高效并发。

第二部分 Part 2

Go 语言的高效并发

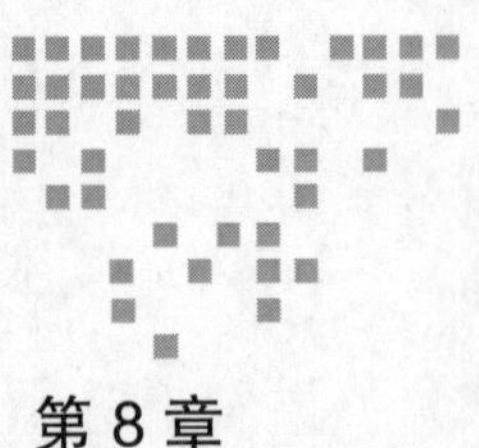

Chapter 8 第8章

goroutine和channel：并发的基础

在本章开始之前，我们先一起回忆上一章的思考题：一个函数中可以有多个defer语句吗？如果可以的话，它们的执行顺序是怎样的？

对于这道题，可以直接采用写代码测试的方式，如下所示：

```
func moreDefer(){
    defer  fmt.Println("First defer")
    defer  fmt.Println("Second defer")
    defer  fmt.Println("Three defer")
    fmt.Println(" 函数自身代码 ")
}

func main(){
    moreDefer()
}
```

我定义了moreDefer函数，函数里有三个defer语句，然后在main函数里调用它。运行这段程序可以看到如下内容输出：

```
函数自身代码
Three defer
Second defer
First defer
```

通过以上示例可以证明：

1）在一个方法或者函数中，可以有多个defer语句。

2）多个defer语句的执行顺序依照后进先出的原则。

defer有一个调用栈，越早定义越靠近栈的底部，越晚定义越靠近栈的顶部，在执行这些defer语句的时候，会先从栈顶弹出一个defer然后执行它，也就是我们示例中的结果。

下面我们开始本章的学习。本章是Go语言的重点——goroutine（协程）和channel（管道）是Go语言并发的基础，我会从这两个基础概念开始，带你逐步深入Go语言的并发。

8.1 什么是并发

在前面的章节中，我所写的代码都按照顺序执行，也就是上一句代码执行完，才会执行下一句，这样的代码逻辑简单，也符合我们的阅读习惯。

但这样是不够的，因为计算机很强大，如果只让它干完一件事情再干另外一件事情就太浪费了。比如一款音乐软件，使用它听音乐的时候还想让它下载歌曲，同一时刻做了两件事，在编程中，这就是并发。并发可以让你编写的程序在同一时刻多做几件事情。

8.2 进程和线程

讲并发就绕不开线程，不过在介绍线程之前，我先为你介绍什么是进程。

8.2.1 进程

在操作系统中，进程是一个非常重要的概念。当你启动一个软件（比如浏览器）的时候，操作系统会为这个软件创建一个进程，这个进程是该软件的工作空间，它包含了软件运行所需的所有资源，比如内存空间、文件句柄，还有下面要讲的线程等。图8-1展示了我的计算机上运行的进程。

CPU 内存 能耗

进程名称	% CPU	CPU时间	线程
periodic-wrapper	0.0	0.01	2
aslmanager	0.0	0.01	2
com.apple.audio.SandboxH...	0.0	0.01	2
com.apple.audio.SandboxH...	0.0	0.01	2
FindMyMacd	0.0	0.01	2
applessdstatistics	0.0	0.01	2
loginitemregisterd	0.0	0.01	2
APFSUserAgent	0.0	0.01	2
Firewall	0.0	0.01	2
cfprefsd	0.0	0.01	2

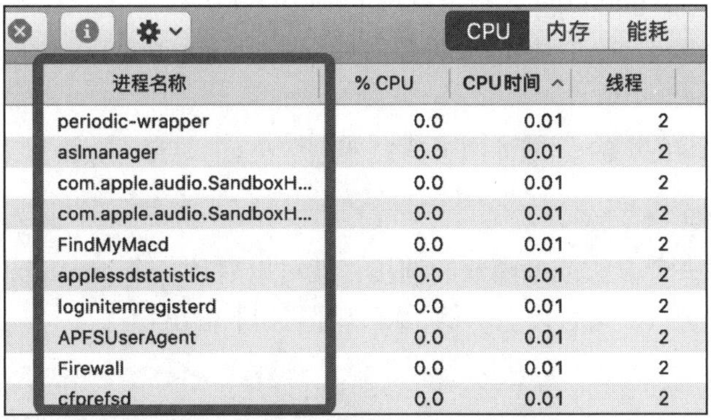

图8-1 我的计算机上运行的进程

那么线程是什么呢？

8.2.2 线程

线程是进程的执行空间，一个进程可以有多个线程，线程被操作系统调度执行，比如下载一个文件、发送一个消息等。这种多个线程被操作系统同时调度执行的情况，就是多线程的并发。

一个程序启动，就会有对应的进程被创建，同时进程也会启动一个线程，这个线程叫作主线程。如果主线程结束，那么整个程序就退出了。有了主线程，就可以从主线程里启动很多其他线程，也就有了多线程的并发。

8.3 协程

Go 语言中没有线程的概念，只有协程，也称为 goroutine。相比线程来说，协程更加轻量，一个程序可以随意启动成千上万个 goroutine。

goroutine 被 Go runtime 所调度，这一点与线程不一样。也就是说，Go 语言的并发是由 Go 自己调度的，自己决定同时执行多少个 goroutine、什么时候执行哪几个。这些对于我们开发者来说完全透明，只需要在编码的时候告诉 Go 语言要启动几个 goroutine，至于如何调度执行，我们不用关心。

要启动一个 goroutine 非常简单，Go 语言为我们提供了 go 关键字，相比其他编程语言简化了很多，如下面的代码所示：

```
ch08/main.go
func main() {
    go fmt.Println("飞雪无情")
    fmt.Println("我是main goroutine")
    time.Sleep(time.Second)
}
```

这样就启动了一个 goroutine，用来调用 fmt.Println 函数，打印“飞雪无情”。所以这段代码里有两个 goroutine，一个是 main 函数启动的 main goroutine，一个是我自己通过 go 关键字启动的 goroutine。

从示例中可以总结出 go 关键字的语法，如下所示：

```
go function()
```

go 关键字后跟一个方法或者函数的调用，就可以启动一个 goroutine，让方法在这个新启动的 goroutine 中运行。运行以上示例，可以看到如下输出：

```
我是 main goroutine
飞雪无情
```

从输出结果也可以看出，程序是并发的，go 关键字启动的 goroutine 并不阻塞 main goroutine 的执行，所以我们才会看到如上打印结果。

提示 示例中的time.Sleep(time.Second)表示等待一秒，这里是让main goroutine等一秒，不然main goroutine执行完毕程序就退出了，也就看不到启动的新goroutine中“飞雪无情”的打印结果了。

8.4 管道

那么如果启动了多个goroutine，它们之间该如何通信呢？这就是Go语言提供的channel要解决的问题。

8.4.1 声明一个管道

在Go语言中，声明一个管道非常简单，使用内置的make函数即可，如下所示：

```
ch:=make(chan string)
```

其中chan是一个关键字，表示是channel类型。后面的string表示channel里的数据是string类型。通过channel的声明也可以看到，chan是一个集合类型。

定义好chan后，就可以使用它了，chan的操作只有两种：接收和发送。

1）接收：获取chan中的值，操作符为 <- chan。

2）发送：向chan发送值，把值放在chan中，操作符为 chan <-。

小技巧 这里注意发送和接收的操作符都是<-，只不过位置不同。接收的<-操作符在chan的左侧，发送的<-操作符在chan的右侧。

现在我把上个示例改造一下，使用chan来代替time.Sleep函数的等待工作，如下面的代码所示：

```
ch08/main.go
func main() {
    ch:=make(chan string)

    go func() {
        fmt.Println("飞雪无情")
        ch <- "goroutine 完成"
    }()

    fmt.Println("我是 main goroutine")

    v:=<-ch
    fmt.Println("接收到的chan中的值为：",v)
}
```

运行这个示例，可以发现程序并没有退出，看到了“飞雪无情”的输出结果，达到了time.Sleep函数的效果，如下所示：

```
我是 main goroutine
飞雪无情
接收到的chan中的值为: goroutine 完成
```

可以这样理解：在上面的示例中，我们在新启动的goroutine中向变量ch发送值；在main goroutine中，从变量ch接收值；如果ch中没有值，则阻塞等待，直到ch中有值可以接收为止。

相信你应该明白为什么程序不会在新的goroutine完成之前退出了，因为通过make创建的chan中没有值，而main goroutine又想从chan中获取值，获取不到就一直等待，等到另一个goroutine向chan发送值为止。

channel有点像在两个goroutine之间架设的管道，一个goroutine可以往这个管道里发送数据，另外一个可以从这个管道里取数据，有点类似于我们说的队列。

8.4.2 无缓冲管道

在上面的示例中，使用make创建的chan就是一个无缓冲管道，它的容量是0，不能存储任何数据。所以无缓冲管道只起到传输数据的作用，数据并不会在管道中做任何停留。这也意味着，无缓冲管道的发送和接收操作是同时进行的，它也可以称为同步管道。

8.4.3 有缓冲管道

有缓冲管道类似一个可阻塞的队列，内部的元素先进先出。通过make函数的第二个参数可以指定管道容量的大小，进而创建一个有缓冲管道，如下面的代码所示：

```
cacheCh:=make(chan int,5)
```

我创建了一个容量为5的管道，内部的元素类型是int，也就是说这个管道内部最多可以存放5个类型为int的元素，如图8-2所示。

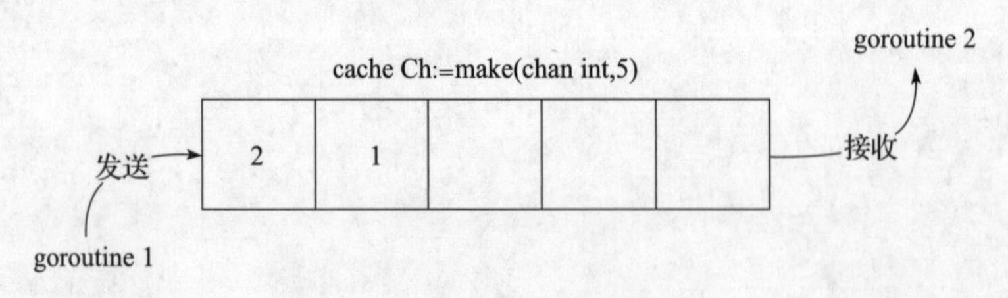

图8-2 有缓冲管道

一个有缓冲管道具备以下特点：

1）有缓冲管道的内部有一个缓冲队列。

2）发送操作是向队列的尾部插入元素，如果队列已满，则阻塞等待，直到另一个 goroutine 执行，接收操作释放队列的空间。

3）接收操作是从队列的头部获取元素并把它从队列中删除，如果队列为空，则阻塞等待，直到另一个 goroutine 执行，发送操作插入新的元素。

因为有缓冲管道类似一个队列，所以可以获取它的容量和里面元素的个数。如下面的代码所示：

```
ch08/main.go
cacheCh:= make(chan int,5)
cacheCh <- 2
cacheCh <- 3
fmt.Println("cacheCh 容量为 :",cap(cacheCh),", 元素个数为: ",len(cacheCh))
```

其中，通过内置函数 cap 可以获取管道的容量，也就是最大能存放多少个元素，通过内置函数 len 可以获取管道中元素的个数。

提示　无缓冲管道其实就是一个容量大小为 0 的管道。比如 make(chan int,0)。

8.4.4　关闭管道

关闭管道使用内置函数 close，如下面的代码所示：

```
close(cacheCh)
```

如果一个管道被关闭，就不能向里面发送数据了，如果发送的话，会引起 panic 异常。但是我们还可以接收管道里的数据，如果管道里没有数据的话，接收的数据是元素类型的零值。

8.4.5　单向管道

有时候，我们有一些特殊的业务需求，比如限制一个管道只可以接收但是不能发送，或者限制一个管道只能发送但不能接收，这种管道称为单向管道。

单向管道的声明也很简单，只需要在声明的时候带上 <- 操作符即可，如下面的代码所示：

```
onlySend := make(chan<- int)
onlyReceive:= make(<-chan int)
```

注意，声明单向管道中 <- 操作符的位置和上面讲到的发送和接收操作是一样的。

在函数或者方法的参数中，使用单向管道的较多，这样可以防止一些操作对管道的影响。

下面示例中 counter 函数的参数 out 是一个只能发送的管道，所以在 counter 函数体内使用参数 out 时，只能对其进行发送操作，如果执行接收操作，则程序不能编译通过。

```
func counter(out chan<- int) {
    //函数体内使用变量 out，只能进行发送操作
}
```

8.5 select+channel 示例

假设要从网上下载一个文件，我启动了 3 个 goroutine 进行下载，并把结果发送到 3 个 channel（管道）中。其中，哪个先下载好，就会使用哪个 channel 的结果。

在这种情况下，如果我们尝试获取第一个 channel 的结果，程序就会被阻塞，无法获取剩下两个 channel 的结果，也无法判断哪个先下载好。这个时候就需要用到多路复用操作了，在 Go 语言中，通过 select 语句可以实现多路复用，其语句格式如下：

```
select {
case i1 = <-c1:
    //todo
case c2 <- i2:
    //todo
default:
    //default todo
}
```

其整体结构与 switch 结构类似，都有 case 和 default，只不过 select 的 case 是一个个可以操作的 channel。

多路复用可以简单地理解为，在 N 个 channel 中，任意一个 channel 有数据产生，select 都可以监听到，然后执行相应的分支，接收数据并处理。

有了 select 语句，就可以实现上面下载的例子了。如下面的代码所示：

```
ch08/main.go
func main() {
    //声明 3 个存放结果的 channel
    firstCh := make(chan string)
    secondCh := make(chan string)
    threeCh := make(chan string)

    //同时开启 3 个 goroutine 下载
    go func() {
        firstCh <- downloadFile("firstCh")
    }()
```

```
    go func() {
        secondCh <- downloadFile("secondCh")
    }()

    go func() {
        threeCh <- downloadFile("threeCh")
    }()

    //开启select多路复用，哪个channel能获取到值
    //就说明哪个最先下载好，就用哪个
    select {
    case filePath := <-firstCh:
        fmt.Println(filePath)
    case filePath := <-secondCh:
        fmt.Println(filePath)
    case filePath := <-threeCh:
        fmt.Println(filePath)
    }
}

func downloadFile(chanName string) string {
    //模拟下载文件，可以使用time.Sleep随机化时间试试
    time.Sleep(time.Second)
    return chanName+":filePath"
}
```

如果这些case中有一个可以被执行，select语句就会选择该case执行，如果同时有多个case可以被执行，则随机选择一个，这样每个case都有平等的被执行的机会。如果一个select没有任何case可以被执行，那么它会一直等待下去。

8.6 小结

在本章中，我为你介绍了如何通过go关键字启动一个goroutine，以及如何通过channel实现goroutine间的数据传递，这些都是Go语言并发的基础，理解它们可以更好地掌握并发。

在Go语言中，提倡通过通信来共享内存，而不是通过共享内存来通信，其实就是提倡通过channel发送和接收消息的方式进行数据传递，而不是通过修改同一个变量。所以在数据流动、传递的场景中要优先使用channel，它是并发安全的，性能也不错。

到这里就要结束本章的内容了，本章的思考题：channel是怎么做到并发安全的？

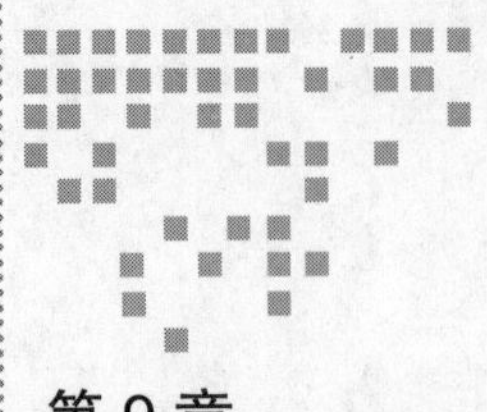

Chapter 9 第9章

同步原语：让你对并发控制得心应手

上一章留了一个思考题：channel 为什么是并发安全的呢？因为 channel 内部使用了互斥锁来保证并发的安全，这一章将为你介绍互斥锁的使用。

在 Go 语言中，不仅有 channel 这类比较易用且高级的同步机制，还有 sync.Mutex、sync.WaitGroup 等比较原始的同步机制。通过它们，我们可以更加灵活地控制数据的同步和多协程的并发，下面我为你逐一讲解。

9.1 资源竞争

在一个 goroutine 中，如果分配的内存没有被其他 goroutine 访问，只在该 goroutine 中被使用，那么不存在资源竞争的问题。

但如果同一块内存被多个 goroutine 同时访问，就会产生不知道谁先访问，也无法预料最后结果的情况，这就是资源竞争，这块内存可以称为共享的资源。

我们通过下面的示例来进一步了解：

```
ch09/main.go
//共享的资源
var sum = 0

func main() {
    //开启100个协程让sum+10
    for i := 0; i < 100; i++ {
        go add(10)
    }
```

```
    //防止提前退出
    time.Sleep(2 * time.Second)
    fmt.Println("和为:",sum)

}

func add(i int) {
    sum += i
}
```

此示例中，你期待的结果可能是“和为：1000”，但当运行程序后，可能如预期所示，但也可能是 990 或者 980。导致这种情况的核心原因是资源 sum 不是并发安全的，因为同时会有多个协程交叉执行 sum+=i，从而产生不可预料的结果。

既然已经知道了原因，解决的办法也就有了，只需要确保同时只有一个协程执行 sum+=i 操作即可。要达到该目的，可以使用 sync.Mutex 互斥锁。

小技巧　使用 go build、go run、go test 这些 Go 语言工具链提供的命令时，添加 -race 标识可以帮你检查 Go 语言代码是否存在资源竞争。

9.2 同步原语

9.2.1 sync.Mutex

互斥锁，顾名思义，指的是在同一时刻只有一个协程执行某段代码，其他协程都要等待该协程执行完毕后才能继续执行。

在下面的示例中，我声明了一个互斥锁 mutex，然后修改 add 函数，对 sum+=i 这段代码加锁保护。这样这段访问共享资源的代码片段就是并发安全的了，可以得到正确的结果。

```
ch09/main.go
var(
    sum int
    mutex sync.Mutex
)

func add(i int) {
    mutex.Lock()
    sum += i
    mutex.Unlock()
}
```

以上被加锁保护的 sum+=i 代码片段又称为临界区。在同步的程序设计中，临界区指的是一个访问共享资源的程序片段，而这些共享资源又有无法同时被多个协程访问的特性。当有协程进入临界区时，其他协程必须等待，这样就保证了临界区的并发安全。

互斥锁的使用非常简单，它只有两个方法 Lock 和 Unlock，分别代表加锁和解锁。当一个协程获得 Mutex 锁后，其他协程只能等到 Mutex 锁释放后才能再次获得锁。

Mutex 的 Lock 和 Unlock 方法总是成对出现，而且要确保执行 Lock 获得锁后，一定执行 UnLock 释放锁，所以在函数或者方法中会采用 defer 语句释放锁，如下面的代码所示：

```
func add(i int) {
    mutex.Lock()
    defer mutex.Unlock()
    sum += i
}
```

这样可以确保锁一定会被释放，不会被遗忘。

9.2.2 sync.RWMutex

在 9.2.1 节中，我对共享资源 sum 的加法操作进行了加锁，这样可以保证在修改 sum 值的时候是并发安全的。如果读取操作也采用多个协程呢？如下面的代码所示：

```
ch09/main.go
func main() {
    for i := 0; i < 100; i++ {
        go add(10)
    }
    for i:=0; i<10;i++ {
        go fmt.Println("和为:",readSum())
    }
    time.Sleep(2 * time.Second)
}

//增加了一个读取 sum 的函数，便于演示并发
func readSum() int {
    b:=sum
    return b
}
```

这个示例开启了 10 个协程，它们同时读取 sum 的值。因为 readSum 函数并没有任何加锁控制，所以它不是并发安全的，即一个 goroutine 正在执行 `sum+=i` 操作的时候，另一个 goroutine 可能正在执行 `b:=sum` 操作，这就会导致读取的 sum 值是一个过期的值，结果不可预期。

要解决以上资源竞争的问题，可以使用互斥锁 sync.Mutex，如下面的代码所示：

```
ch09/main.go
func readSum() int {
    mutex.Lock()
    defer mutex.Unlock()
    b:=sum
    return b
}
```

因为 add 和 readSum 函数使用的是同一个 sync.Mutex，所以它们的操作是互斥的，也就是一个 goroutine 进行修改操作 `sum+=i` 的时候，另一个 gouroutine 读取 sum 的操作 `b:=sum` 会等待，直到修改操作执行完毕。

现在我们解决了多个 goroutine 同时读写的资源竞争问题，但是又遇到另外一个问题——性能。因为每次读写共享资源都要加锁，所以性能低下，这该怎么解决呢？

现在我们分析读写这个特殊场景，有以下几种情况：

1）写的时候不能同时读，因为这个时候读取的话可能读到脏数据（不正确的数据）。

2）读的时候不能同时写，因为也可能产生不可预料的结果。

3）读的时候可以同时读，因为数据不会改变，所以不管多少个 goroutine 在读都是并发安全的。

通过以上分析，我们可以通过读写锁 sync.RWMutex 来优化这段代码，提升性能。现在我将以上示例改为读写锁来实现我们想要的结果，如下所示：

```
ch09/main.go
var mutex sync.RWMutex

func readSum() int {
    //只获取读锁
    mutex.RLock()
    defer mutex.RUnlock()
    b:=sum
    return b
}
```

对比互斥锁的示例，读写锁的改动有两处：

1）把锁的声明换成读写锁 sync.RWMutex。

2）把函数 readSum 读取数据的代码换成读锁，也就是 RLock 和 RUnlock。

这样性能就会有很大的提升，因为多个 goroutine 可以同时读数据，不再相互等待。

9.2.3 sync.WaitGroup

在以上示例中，相信你注意到了 `time.Sleep(2 * time.Second)` 这段代码，这是为了防止主函数 main 返回，一旦 main 函数返回了，程序也就退出了。

因为我们不知道 100 个执行 add 的协程和 10 个执行 readSum 的协程什么时候完全执行完毕，所以设置了一个比较长的等待时间，也就是两秒。

一个函数或者方法的返回（return）也就意味着当前函数或者方法执行完毕。

所以存在一个问题，如果这 110 个协程在两秒内执行完毕，main 函数本该提前返回，但是偏偏要等两秒才能返回，就会产生性能问题。

而如果这 110 个协程执行的时间超过两秒，因为设置的等待时间只有两秒，程序就会提前返回，导致有的协程没有执行完毕，产生不可预知的结果。

那么，有没有办法解决这个问题呢？也就是说，有没有办法监听所有协程的执行，一旦全部执行完毕，程序马上退出，这样既可保证所有协程执行完毕，又可以及时退出，节省时间，提升性能。你第一时间应该会想到上一章讲到的 channel。没错，channel 的确可以解决这个问题，不过非常复杂，Go 语言为我们提供了更简洁的解决办法，它就是 sync.WaitGroup。

在使用 sync.WaitGroup 改造示例之前，我先把 main 函数中的代码进行重构，抽取成一个函数 run，这样可以更好地理解，如下所示：

```
ch09/main.go
func main() {
    run()
}

func run(){
    for i := 0; i < 100; i++ {
        go add(10)
    }
    for i := 0; i < 10; i++ {
        go fmt.Println("和为：",readSum())
    }
    time.Sleep(2 * time.Second)
}
```

这样执行读写的 110 个协程的代码逻辑就都放在了 run 函数中，在 main 函数中直接调用 run 函数即可。现在只需通过 sync.WaitGroup 对 run 函数进行改造，让其恰好执行完毕，如下所示：

```
ch09/main.go
func run(){
    var wg sync.WaitGroup
    //因为要监控 110 个协程，所以设置计数器为 110
    wg.Add(110)
    for i := 0; i < 100; i++ {
        go func() {
```

```
            //计数器值减1
            defer wg.Done()
            add(10)
        }()
    }
    for i := 0; i < 10; i++ {
        go func() {
            //计数器值减1
            defer wg.Done()
            fmt.Println("和为:",readSum())
        }()
    }
    //一直等待，直到计数器值为0
    wg.Wait()
}
```

sync.WaitGroup的使用比较简单，一共分为三步：

1）声明一个sync.WaitGroup，然后通过Add方法设置计数器的值，需要跟踪多少个协程就设置多少，这里是110。

2）在每个协程执行完毕后调用Done方法，让计数器减1，告诉sync.WaitGroup该协程已经执行完毕。

3）最后调用Wait方法一直等待，直到计数器值为0，也就是所有跟踪的协程都执行完毕。

通过sync.WaitGroup可以很好地跟踪协程。在协程执行完毕后，整个run函数才能执行完毕，时间不多不少，正好是协程执行的时间。

sync.WaitGroup适合协调多个协程共同做一件事情的场景，比如下载一个文件，假设使用10个协程，每个协程下载文件的1/10大小，只有10个协程都下载好了，整个文件才算是下载好了。这就是我们经常听到的多线程下载，通过多个线程共同做一件事情，会显著提高效率。

其实你也可以把Go语言中的协程理解为平常说的线程，从用户体验上也并无不可，但是从技术实现上，你需要知道它们是不一样的。

9.2.4　sync.Once

在实际的工作中，你可能会有这样的需求：让代码只执行一次，哪怕是在高并发的情况下，比如创建一个单例。

针对这种情形，Go语言为我们提供了sync.Once来保证代码只执行一次，如下所示：

```
ch09/main.go
func main() {
    doOnce()
```

```
}

func doOnce() {
    var once sync.Once
    onceBody := func() {
        fmt.Println("Only once")
    }
    //用于等待协程执行完毕
    done := make(chan bool)
    //启动10个协程执行once.Do(onceBody)
    for i := 0; i < 10; i++ {
        go func() {
            //把要执行的函数（方法）作为参数传给once.Do方法即可
            once.Do(onceBody)
            done <- true
        }()
    }
    for i := 0; i < 10; i++ {
        <-done
    }
}
```

这是Go语言自带的一个示例，虽然启动了10个协程来执行onceBody函数，但是因为用了once.Do方法，所以函数onceBody只会被执行一次。也就是说在高并发的情况下，sync.Once也会保证onceBody函数只执行一次。

sync.Once适用于创建某个对象的单例、只加载一次的资源等只执行一次的场景。

9.2.5 sync.Cond

在Go语言中，sync.WaitGroup用于最终完成的场景，关键点在于一定要等待所有协程都执行完毕。

而sync.Cond可以用于发号施令，一声令下所有协程都可以开始执行，关键点在于协程开始的时候是等待状态，要等待sync.Cond唤醒才能执行。

sync.Cond从字面意思看是条件变量，它具有阻塞协程和唤醒协程的功能，所以可以在满足一定条件的情况下唤醒协程，但条件变量只是它的一种使用场景。

下面我以10个人赛跑为例来演示sync.Cond的用法。在这个示例中有一个裁判，裁判要先等这10个人准备就绪，然后一声发令枪响，这10个人就可以开始跑了，如下所示：

```
//10个人赛跑，1个裁判发号施令
func race(){
    cond :=sync.NewCond(&sync.Mutex{})
    var wg sync.WaitGroup
    wg.Add(11)
    for i:=0; i<10; i++ {
        go func(num int) {
            defer  wg.Done()
```

```
            fmt.Println(num,"号已经就位")
            cond.L.Lock()
            cond.Wait()//等待发令枪响
            fmt.Println(num,"号开始跑……")
            cond.L.Unlock()
        }(i)
    }
    //等待所有goroutine都进入wait状态
    time.Sleep(2*time.Second)
    go func() {
        defer  wg.Done()
        fmt.Println("裁判已经就位，准备发令枪")
        fmt.Println("比赛开始，大家准备跑")
        cond.Broadcast()//发令枪响
    }()
    //防止函数提前返回退出
    wg.Wait()
}
```

以上示例中有注释说明，已经很好理解了，我这里再大概讲解一下步骤：

1）通过 sync.NewCond 函数生成一个 *sync.Cond，用于阻塞和唤醒协程。

2）然后启动 10 个协程模拟 10 个人，准备就位后调用 cond.Wait() 方法阻塞当前协程，等待发令枪响，这里需要注意的是调用 cond.Wait() 方法时要加锁。

3）time.Sleep 用于等待所有人都进入 wait 阻塞状态，这样裁判才能调用 cond.Broadcast() 发号施令。

4）裁判准备完毕后，就可以调用 cond.Broadcast() 通知所有人开始跑了。

sync.Cond 有三个方法，它们分别是：

1）Wait，阻塞当前协程，直到被其他协程通过调用 Broadcast 或者 Signal 方法唤醒，使用的时候需要加锁，使用 sync.Cond 中的锁即可，也就是 L 字段。

2）Signal，唤醒一个等待时间最长的协程。

3）Broadcast，唤醒所有等待的协程。

注意　在调用 Signal 或者 Broadcast 之前，要确保目标协程处于 Wait 阻塞状态，不然会出现死锁问题。

如果你以前学过 Java，会发现 sync.Cond 和 Java 的等待唤醒机制类似，它的三个方法 Wait、Signal、Broadcast 分别对应 Java 中的 wait、notify、notifyAll。

9.3　小结

这一章主要讲解 Go 语言的同步原语的使用，通过它们可以更灵活地控制多协程的并发。从使用上讲，Go 语言还是更推荐 channel 这种更高级别的并发控制方式，因为它更简洁，也更容易理解和使用。

当然本章讲的比较基础的同步原语也很有用。同步原语通常用于更复杂的并发控制，如果追求更灵活的控制方式和性能，你可以使用它们。

本章到这里就要结束了，sync 包里还有一个同步原语我没有讲，它就是 sync.Map。sync.Map 的使用和内置的 map 类型一样，只不过它是并发安全的，这一章的作业就是练习使用 sync.Map。

下一章会为你讲解 Context，通过它你可以取消正在执行的协程。

第 10 章 Chapter 10

Context：多协程并发控制神器

在上一章中我留了一个作业，也就是自己练习使用 sync.Map，相信你已经做出来了。现在我为你讲解 sync.Map 的方法。

1）Store：存储一对 Key-Value 值。

2）Load：根据 Key 获取对应的 Value，并且可以判断 Key 是否存在。

3）LoadOrStore：如果 Key 对应的 Value 存在，则返回该 Value；如果不存在，则存储相应的 Value。

4）Delete：删除一个 Key-Value 键值对。

5）Range：循环迭代 sync.Map，效果与 for range 一样。

相信通过了解这些方法，你对 sync.Map 会有更深入的理解。

下面开始本章的内容：如何通过 Context 更好地控制并发？

10.1 协程如何退出

启动一个协程后，大部分情况需要等待里面的代码执行完毕，然后协程会自行退出。但是如果有一种情景，需要让协程提前退出怎么办呢？在下面的代码中，我做了一个监控狗，用来监控程序：

```
ch10/main.go
func main() {
    var wg sync.WaitGroup
    wg.Add(1)
```

```
    go func() {
        defer wg.Done()
        watchDog("【监控狗1】")
    }()
    wg.Wait()
}

func watchDog(name string){
    //开启for select循环，一直后台监控
    for{
        select {
        default:
            fmt.Println(name,"正在监控……")
        }
        time.Sleep(1*time.Second)
    }
}
```

我通过watchDog函数实现了一个监控狗，它会一直在后台运行，每隔一秒就会打印“【监控狗1】正在监控……”的文字。

如果需要让监控狗停止监控、退出程序，一个办法是定义一个全局变量，其他地方可以通过修改这个变量，发出停止监控狗的通知。然后在协程中先检查这个变量，如果发现被通知关闭就停止监控，退出当前协程。

但是这种方法需要通过加锁来保证多协程下并发的安全，基于这个思路，有个升级版方案：用select+channel做检测，如下面的代码所示：

ch10/main.go

```
func main() {
    var wg sync.WaitGroup
    wg.Add(1)

    stopCh := make(chan bool) //用来停止监控狗
    go func() {
        defer wg.Done()
        watchDog(stopCh,"【监控狗1】")
    }()

    time.Sleep(5 * time.Second) //先让监控狗监控5秒
    stopCh <- true //发停止指令
    wg.Wait()
}

func watchDog(stopCh chan bool,name string){
    //开启for select循环，一直在后台监控
    for{
        select {
        case <-stopCh:
            fmt.Println(name,"停止指令已收到，马上停止")
```

```
                return
            default:
                fmt.Println(name," 正在监控……")
            }
            time.Sleep(1*time.Second)
        }
}
```

这个示例是使用 select+channel 的方式来改造 watchDog 函数的，实现了通过 channel 发送指令让监控狗停止，进而达到协程退出的目的。以上示例主要有两处修改，具体如下：

1）为 watchDog 函数增加 stopCh 参数，用于接收停止指令。

2）在 main 函数中，声明用于停止的 stopCh，传递给 watchDog 函数，然后通过 stopCh<-true 发送停止指令，让协程退出。

10.2　Context 的使用示例

以上示例是 select+channel 比较经典的使用场景，这里也顺便复习了 select 的知识。

通过 select+channel 让协程退出的方式比较优雅，但是如果我们希望做到同时取消很多个协程呢？如果是定时取消协程又该怎么办？这时候 select+channel 的局限性就凸现出来了，即使通过定义多个 channel 能够解决问题，代码逻辑也会非常复杂、难以维护。

要解决这种复杂的协程问题，必须有一种可以跟踪协程的方案，只有跟踪到每个协程，才能更好地控制它们，这种方案就是 Go 语言标准库为我们提供的 Context，它也是本章的主角。

现在我通过 Context 重写上面的示例，实现让监控狗停止的功能，如下所示：

```
ch10/main.go
func main() {
    var wg sync.WaitGroup
    wg.Add(1)

    ctx,stop:=context.WithCancel(context.Background())

    go func() {
        defer wg.Done()
        watchDog(ctx,"【监控狗 1】")
    }()

    time.Sleep(5 * time.Second) //先让监控狗监控 5 秒
    stop() //发停止指令
    wg.Wait()
}

func watchDog(ctx context.Context,name string) {
    //开启 for select 循环，一直在后台监控
    for {
```

```
        select {
        case <-ctx.Done():
            fmt.Println(name,"停止指令已收到，马上停止")
            return
        default:
            fmt.Println(name,"正在监控……")
        }
        time.Sleep(1 * time.Second)
    }
}
```

相比 select+channel 的方案，Context 方案主要有 4 个改动点。

1）watchDog 的 stopCh 参数换成了 ctx，类型为 context.Context。

2）原来的 `case <-stopCh` 改为 `case <-ctx.Done()`，用于判断是否停止。

3）使用 `context.WithCancel(context.Background())` 函数生成一个可以取消的 Context，用于发送停止指令。这里的 context.Background() 用于生成一个空 Context，一般作为整个 Context 树的根节点。

4）原来的 `stopCh<-true` 停止指令，改为 context.WithCancel 函数返回的取消函数 stop()。

可以看到，这与修改前的整体代码结构一样，只不过从 channel 换成了 Context。以上示例只是 Context 的一种应用场景，它的能力不止于此，下面详细介绍什么是 Context。

10.3 Context 详解

一个任务由很多个协程协作完成，一次 HTTP 请求也会触发很多个协程的启动，而这些协程有可能会启动更多的子协程，并且无法预知有多少层协程、每一层有多少个协程。

如果因为某些原因导致任务终止了，HTTP 请求取消了，那么它们启动的协程怎么办，该如何取消呢？因为取消这些协程可以节约内存，提升性能，同时避免不可预料的 Bug。

Context 就是用来简化解决这些问题的，并且是并发安全的。Context 是一个接口，它具备手动、定时、超时发出取消信号、传值等功能，主要用于控制多个协程之间的协作，尤其是取消操作。一旦取消指令下达，那么被 Context 跟踪的这些协程都会收到取消信号，就可以做清理和退出操作。

Context 接口只有四个方法，下面进行详细介绍，在开发中你会经常使用它们，你可以结合下面的代码来看。

```
type Context interface {
    Deadline() (deadline time.Time, ok bool)
    Done() <-chan struct{}
    Err() error
    Value(key interface{}) interface{}
}
```

1）Deadline 方法可以获取设置的截止时间，第一个返回值 deadline 是截止时间，到了这个时间点，Context 会自动发起取消请求，第二个返回值 ok 代表是否设置了截止时间。

2）Done 方法返回一个只读的 channel，类型为 struct{}。在协程中，如果该方法返回的 chan 可以读取，则意味着 Context 已经发起了取消信号。通过 Done 方法收到这个信号后，就可以做清理操作，然后退出协程，释放资源。

3）Err 方法返回取消的错误原因，即 Context 为什么被取消。

4）Value 方法获取该 Context 上绑定的值，是一个键值对，所以要通过一个 Key 才可以获取对应的值。

Context 接口的四个方法中最常用的是 Done，它返回一个只读的 channel，用于接收取消信号。当 Context 取消的时候，会关闭这个只读 channel，也就等于发出了取消信号。

10.4　Context 树

我们不需要自己实现 Context 接口，Go 语言提供了可以帮助我们生成不同 Context 的函数，通过这些函数可以生成一棵 Context 树，这样 Context 才可以关联起来，父 Context 发出取消信号的时候，子 Context 也会发出，这样就可以控制不同层级协程的退出。

从使用功能上分，有四种实现好的 Context。

1）空 Context：不可取消，没有截止时间，主要用于 Context 树的根节点。

2）可取消的 Context：用于发出取消信号，当取消的时候，它的子 Context 也会取消。

3）可定时取消的 Context：多了一个定时的功能。

4）值 Context：用于存储一个 Key-Value 键值对。

从图 10-1 的 Context 的衍生树可以看到，最顶部的是空 Context，它作为整棵 Context 树的根节点。在 Go 语言中，可以通过 context.Background() 获取一个根节点 Context。

有了根节点 Context 后，这棵 Context 树要怎么生成呢？需要使用 Go 语言提供的四个函数。

1）WithCancel(parent Context)：生成一个可取消的 Context。

2）WithDeadline(parent Context, d time.Time)：生成一个可定时取消的 Context，参数 d 为定时取消的具体时间。

3）WithTimeout(parent Context, timeout time.Duration)：生成一个可超时取消的 Context，参数 timeout 用于设置多久后取消。

4）WithValue(parent Context, key, val interface{})：生成一个可携带 Key-Value 键值对的 Context。

以上四个生成 Context 的函数中，前三个都属于可取消的 Context，它们是一类函数，最后一个是值 Context，用于存储一个键值对（Key-Value）。

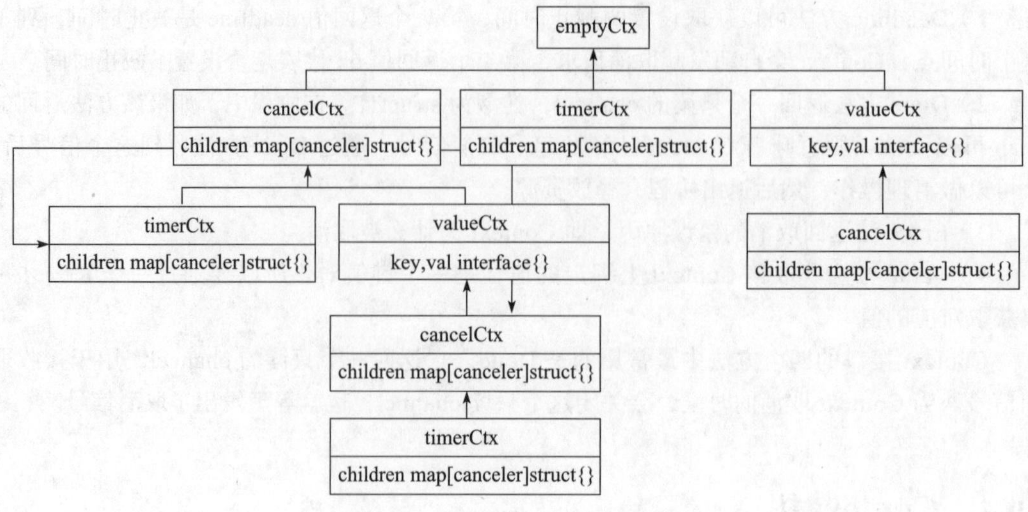

图 10-1 四种 Context 的衍生树

10.5 使用 Context 取消多个协程

取消多个协程也比较简单，把 Context 作为参数传递给协程即可，还是以监控狗为例，如下所示：

```
ch10/main.go
wg.Add(3)

go func() {
    defer wg.Done()
    watchDog(ctx,"【监控狗 2】")
}()

go func() {
    defer wg.Done()
    watchDog(ctx,"【监控狗 3】")
}()
```

示例中增加了两个监控狗，也就是增加了两个协程，这样一个 Context 就同时控制了三个协程，一旦 Context 发出取消信号，这三个协程都会退出。

以上示例中的 Context 没有子 Context，如果一个 Context 有子 Context，在该 Context 发出取消信号时会发生什么呢？下面通过图 10-2 来说明。

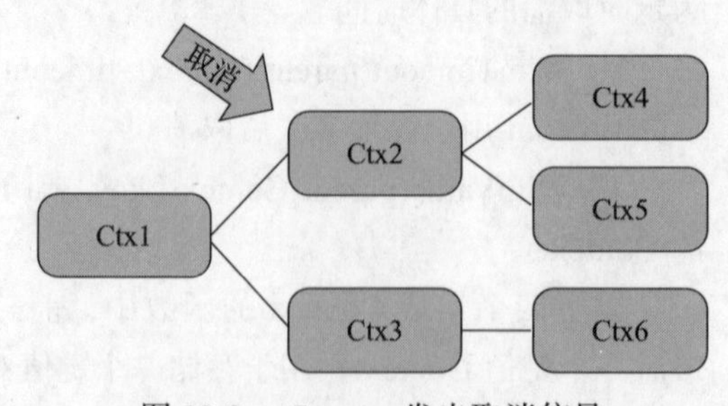

图 10-2 Context 发出取消信号

可以看到，当节点 Ctx2 取消时，它的子节点 Ctx4、Ctx5 都会被取消，如果还有子节点的子节点，也会被取消。也就是说根节点为 Ctx2 的所有节点都会被取消，其他节点如 Ctx1、Ctx3 和 Ctx6 则不会。

10.6 Context 传值

Context 不仅可以取消，还可以传值，通过这个能力，Context 存储的值可供其他协程使用。我通过下面的代码来说明：

```
ch10/main.go
func main() {

    wg.Add(4) //记得这里要改为 4，原来是 3，因为要多启动一个协程

   //省略其他无关代码
    valCtx:=context.WithValue(ctx,"userId",2)
    go func() {
        defer wg.Done()
        getUser(valCtx)
    }()

    //省略其他无关代码
}

func getUser(ctx context.Context){
    for  {
        select {
        case <-ctx.Done():
            fmt.Println("【获取用户】","协程退出")
            return
        default:
            userId:=ctx.Value("userId")
            fmt.Println("【获取用户】","用户 ID 为：",userId)
            time.Sleep(1 * time.Second)
        }
    }
}
```

这个示例是与上面的示例放在一起运行的，所以我省略了上面示例的重复代码。其中，通过 context.WithValue 函数存储一个 userId 为 2 的键值对，就可以在 getUser 函数中通过 ctx.Value("userId") 方法把对应的值取出来，达到传值的目的。

10.7 Context 使用原则

Context 是一种非常好的工具，使用它可以很方便地控制取消多个协程。在 Go 语言标

准库中也使用了它们，比如 net/http 中使用 Context 取消网络的请求。

希望更好地使用 Context，有一些使用原则需要尽可能地遵守。

1）Context 不要放在结构体中，要以参数的方式传递。

2）Context 作为函数的参数时，要放在第一位，也就是第一个参数。

3）要使用 context.Background 函数生成根节点的 Context，也就是最顶层的 Context。

4）Context 传值要传递必需的值，而且要尽可能的少，不要什么都传。

5）Context 是多协程安全的，可以在多个协程中放心使用。

以上原则是规范类的，Go 语言的编译器并不会做这些检查，要靠自己遵守。

10.8 小结

Context 通过 With 系列函数生成 Context 树，把相关的 Context 关联起来，这样就可以统一进行控制。一声令下，关联的 Context 都会发出取消信号，使用这些 Context 的协程就可以收到取消信号，然后清理退出。你在定义函数的时候，如果想让外部给你的函数发送取消信号，就可以为这个函数增加一个 Context 参数，让外部的调用者可以通过 Context 进行控制，比如实现文件下载超时退出。

本章的思考题：假如一个用户请求访问我们的网站，如何通过 Context 实现日志跟踪？先自己想想，下一章会揭晓思路。

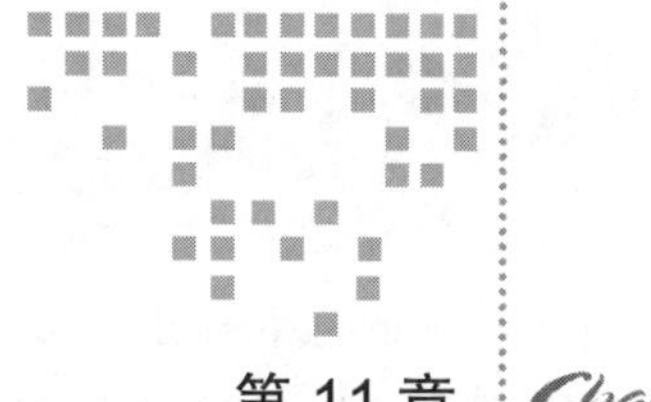

第 11 章 Chapter 11

并发模式：拿来即用的经验总结

上一章讲解了如何通过 Context 更好地控制多个协程，最后的思考题是：如何通过 Context 实现日志跟踪？

要想跟踪一个用户的请求，必须有一个唯一的 ID 来标识这次请求调用了哪些函数、执行了哪些代码，然后通过这个唯一的 ID 把日志信息串联起来。这样就形成了一个日志轨迹，也就实现了用户的跟踪，于是思路就有了。

1）在用户请求的入口点生成 TraceID。

2）通过 context.WithValue 保存 TraceID。

3）然后这个保存着 TraceID 的 Context 就可以作为参数在各个协程或者函数间传递了。

4）在需要记录日志的地方，通过 Context 的 Value 方法获取保存的 TraceID，然后将它和其他日志信息记录下来。

5）这样，具备同样 TraceID 的日志就可以被串联起来，达到日志跟踪的目的。

以上思路实现的核心是 Context 的传值功能。

目前我们已熟练掌握了 goroutine、channel、sync 包的同步原语，这些都是并发编程比较基础的元素。这一章将介绍如何用这些基础元素组成并发模式，帮助我们更好地编写并发程序。

11.1 for select 循环模式

for select 循环模式非常常见，在前面的章节中也使用过，它一般与 channel 组合完成任务，代码格式如下：

```
for { //for无限循环，或者 for range 循环
    select {
        //通过一个 channel 控制
    }
}
```

这是一种“for循环+select多路复用”的并发模式，哪个case满足就执行哪个，直到满足一定的条件而退出for循环（比如发送退出信号）。

从具体实现上讲，for select循环有两种模式，一种是上一章监控狗例子中的无限循环模式，只有收到终止指令才会退出，如下所示：

```
for  {
    select {
    case <-done:
        return
    default:
        //执行具体的任务
    }
}
```

这种模式会一直执行default语句中的任务，直到done这个channel被关闭为止。

第二种模式是for range select有限循环，一般用于把可以迭代的内容发送到channel上，如下所示：

```
for _,s:=range []int{}{
    select {
    case <-done:
        return
    case resultCh <- s:
    }
}
```

这种模式也会有一个done channel，用于退出当前的for循环，而另外一个resultCh channel用于接收for range循环的值，这些值通过resultCh可以传送给其他的调用者。

11.2 select timeout 模式

假如需要访问服务器来获取数据，因为网络的响应时间不一样，为保证程序的质量，不可能一直等待网络响应，所以需要设置一个超时时间，这时候就可以使用select timeout模式，如下所示：

```
ch11/main.go
func main() {
    result := make(chan string)
    go func() {
        //模拟网络访问
```

```
        time.Sleep(8 * time.Second)
        result <- "服务端结果"
    }()

    select {
    case v := <-result:
        fmt.Println(v)
    case <-time.After(5 * time.Second):
        fmt.Println("网络访问超时了")
    }
}
```

select timeout 模式的核心在于通过 time.After 函数设置一个超时时间，防止因为异常造成 select 语句的无限等待。

提示　如果可以使用 Context 的 WithTimeout 函数超时取消，则优先使用。

11.3　流水线模式

流水线模式也称为 Pipeline 模式，模拟的就是现实世界中的流水线生产。以手机组装为例，整条生产流水线可能有成百上千道工序，每道工序只负责自己的事情，最终经过一道道工序组装，就完成了一部手机的生产。

从技术上看，每一道工序的输出，就是下一道工序的输入，在工序之间传递的东西就是数据，这种模式称为流水线模式，而传递的数据称为数据流，如图 11-1 所示。

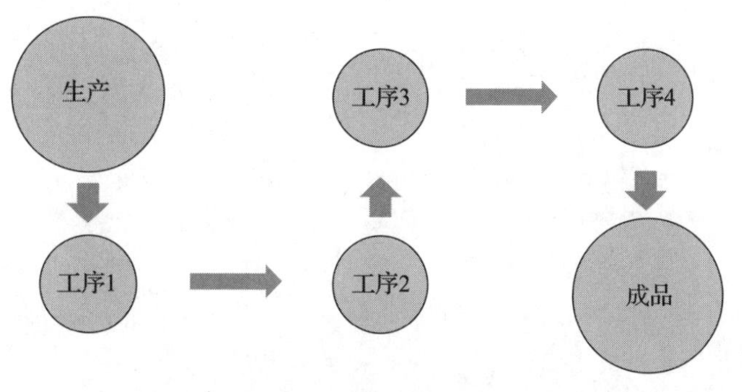

图 11-1　流水线模式

通过图 11-1 的流水线模式示意图，可以看到，从最开始的生产经过工序 1、2、3、4 到最终成品，是一条比较形象的流水线，也就是 Pipeline。

现在我以组装手机为例，讲解流水线模式的使用。假设一条组装手机的流水线有 3 道工序，分别是配件采购、配件组装、打包成品，如图 11-2 所示。

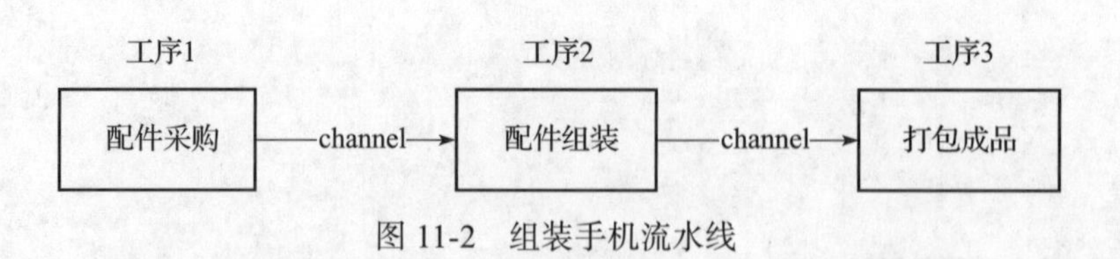

图 11-2 组装手机流水线

从图 11-2 中可以看到，采购的配件通过 channel 传递给工序 2 进行组装，然后再通过 channel 传递给工序 3 打包成品。相对工序 2 来说，工序 1 是生产者，工序 3 是消费者。相对工序 1 来说，工序 2 是消费者。相对工序 3 来说，工序 2 是生产者。

我用下面的几组代码进行演示：

ch11/main.go

```
//工序 1 采购
func buy(n int) <-chan string {
    out := make(chan string)
    go func() {
        defer close(out)
        for i := 1; i <= n; i++ {
            out <- fmt.Sprint("配件", i)
        }
    }()
    return out
}
```

首先我们定义一个采购函数 buy，它有一个参数 n，可以设置要采购多少套配件。采购代码的实现逻辑是通过 for 循环产生配件，然后将配件放到 channel 类型的变量 out 里，最后返回这个 out，调用者就可以从 out 中获得配件。

有了采购好的配件，就可以开始组装了，如下面的代码所示：

ch11/main.go

```
//工序 2 组装
func build(in <-chan string) <-chan string {
    out := make(chan string)
    go func() {
        defer close(out)
        for c := range in {
            out <- "组装(" + c + ")"
        }
    }()
    return out
}
```

组装函数 build 有一个 channel 类型的参数 in，用于接收配件进行组装，组装后的手机放到 channel 类型的变量 out 中返回。

有了组装好的手机，就可以放在精美的包装盒中售卖了，而包装的操作是工序 3 完成的，对应的函数是 pack，如下所示：

```
ch11/main.go
//工序 3 打包
func pack(in <-chan string) <-chan string {
    out := make(chan string)
    go func() {
        defer close(out)
        for c := range in {
            out <- "打包(" + c + ")"
        }
    }()
    return out
}
```

函数 pack 的代码实现与组装函数 build 基本相同，这里不再赘述。

流水线上的三道工序都完成后，就可以通过一个组织者把三道工序组织在一起，形成一条完整的手机组装流水线，这个组织者可以是我们常用的 main 函数，如下面的代码所示：

```
ch11/main.go
func main() {
    coms := buy(10)    //采购 10 套配件
    phones := build(coms) //组装 10 部手机
    packs := pack(phones) //打包它们以便售卖

    //输出测试，看看效果
    for p := range packs {
        fmt.Println(p)
    }
}
```

按照流水线工序进行调用，最终把手机打包以便售卖，过程如下所示：

```
打包(组装(配件1))
打包(组装(配件2))
打包(组装(配件3))
打包(组装(配件4))
打包(组装(配件5))
打包(组装(配件6))
打包(组装(配件7))
打包(组装(配件8))
打包(组装(配件9))
打包(组装(配件10))
```

从上述例子中，我们可以总结出一个流水线模式的构成：

1）流水线由一道道工序构成，每道工序通过 channel 把数据传递到下一个工序。

2）每道工序一般会对应一个函数，函数里有协程和 channel，协程一般用于处理数据并把它放入 channel 中，整个函数会返回这个 channel 以供下一道工序使用。

3）最终要有一个组织者（示例中的 main 函数）把这些工序串起来，这样就形成了一个完整的流水线，对于数据来说就是数据流。

11.4 扇出和扇入模式

手机流水线经过一段时间的运转，组织者发现产能提不上去，经过调研分析，发现瓶颈在工序 2 配件组装上。工序 2 过慢，导致上游工序 1 配件采购速度不得不降下来，下游工序 3 没太多事情做，不得不闲下来，这就是整条流水线产能低下的原因。

为了提升手机产能，组织者决定对工序 2 增加两班人手。人手增加后，整条流水线的示意图如图 11-3 所示。

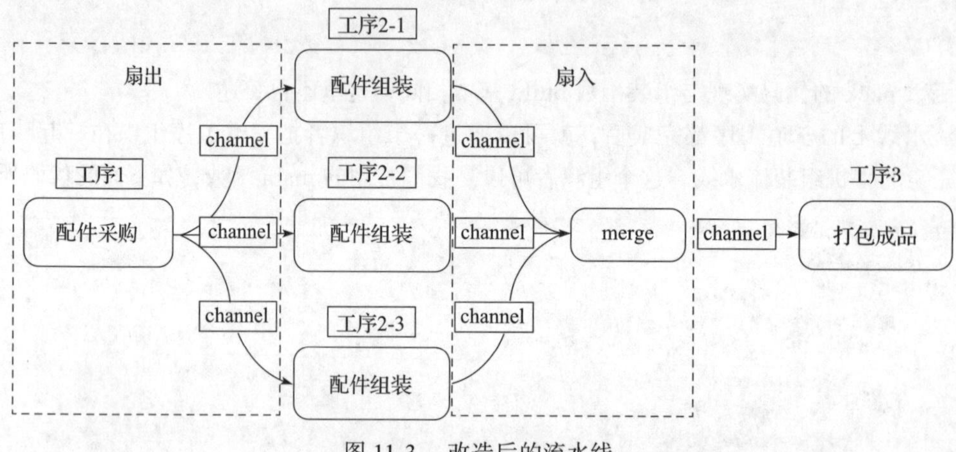

图 11-3 改造后的流水线

从改造后的流水线示意图可以看到，工序 2 共有工序 2-1、工序 2-2、工序 2-3 三班人手，工序 1 采购的配件会被工序 2 的三班人手同时组装，这三班人手组装好的手机会同时传给 merge 组件汇聚，然后再传给工序 3 打包成品。在这个流程中，会产生两种模式：扇出和扇入。

- 对于工序 1 来说，它同时为工序 2 的三班人手传递数据（采购配件）。以工序 1 为中点，三条传递数据的线发散出去，就像一把打开的扇子一样，所以叫扇出。
- 对于 merge 组件来说，它同时接收工序 2 三班人手传递的数据（组装的手机）进行汇聚，然后传给工序 3。以 merge 组件为中点，三条传递数据的线汇聚到 merge 组件，也像一把打开的扇子一样，所以叫扇入。

提示 扇出和扇入都像一把打开的扇子，因为数据传递的方向不同，所以叫法也不一样，扇出的数据流向是发散传递出去，是输出流；扇入的数据流向是汇聚进来，是输入流。

已经理解了扇出扇入的原理，就可以开始改造流水线了。在这次改造中，三道工序的实现函数 buy、build、pack 都保持不变，只需要增加一个 merge 函数即可，如下面的代

码所示：

```
ch11/main.go
//扇入函数（组件），把多个chanel中的数据发送到一个channel中
func merge(ins ...<-chan string) <-chan string {
    var wg sync.WaitGroup
    out := make(chan string)

    //把一个channel中的数据发送到out中
    p:=func(in <-chan string) {
        defer wg.Done()
        for c := range in {
            out <- c
        }
    }

    wg.Add(len(ins))

    //扇入，需要启动多个goroutine用于处理多个channel中的数据
    for _,cs:=range ins{
        go p(cs)
    }

    //等待所有输入的数据ins处理完，再关闭输出out
    go func() {
        wg.Wait()
        close(out)
    }()

    return out
}
```

新增的merge函数的核心逻辑就是对输入的每个channel使用单独的协程处理，并将每个协程处理的结果都发送到变量out中，达到扇入的目的。总结起来就是通过多个协程并发，把多个channel合成一个。

在整条手机组装流水线中，merge函数非常小，而且与业务无关，不能当作一道工序，所以我把它叫作组件。该merge组件是可以复用的，流水线中的任何工序需要扇入的时候，都可以使用merge组件。

> 提示　这次的改造新增了merge函数，其他函数保持不变，符合开闭原则。开闭原则规定“软件中的对象（类、模块、函数等）应该对于扩展是开放的，但是对于修改是封闭的”。

有了可以复用的merge组件，现在来看流水线的组织者main函数是如何使用扇出和扇入并发模式的，如下所示：

```go
ch11/main.go
func main() {
    coms := buy(100)    //采购100套配件
    //三班人同时组装100部手机
    phones1 := build(coms)
    phones2 := build(coms)
    phones3 := build(coms)
    //汇聚三个channel成一个
    phones := merge(phones1,phones2,phones3)
    packs := pack(phones) //打包它们以便售卖

    //输出测试，看看效果
    for p := range packs {
        fmt.Println(p)
    }
}
```

这个示例采购了100套配件，也就是开始增加产能了。于是同时调用三次build函数，也就是为工序2增加人手，这里是三班人手同时组装配件，然后通过merge函数这个可复用的组件将三个channel汇聚为一个，然后传给pack函数打包。

这样通过扇出和扇入模式，整条流水线就被扩充好了，大大提升了生产效率。因为已经有了通用的扇入组件merge，所以整条流水中任何需要扇出、扇入提高性能的工序，都可以复用merge组件以做扇入，并且不用做任何修改。

11.5 Future模式

Pipeline（流水线）模式中的工序是相互依赖的，上一道工序做完，下一道工序才能开始。但是在我们的实际需求中，也有大量的任务之间相互独立、没有依赖，所以为了提高性能，这些独立的任务就可以并发执行。

举个例子，比如我打算自己做顿火锅吃，需要洗菜、烧水。洗菜、烧水这两个步骤相互之间没有依赖关系，是独立的，可以同时做，但是最后做火锅这个步骤就需要洗好菜、烧好水之后才能进行。这个做火锅的场景就适用Future模式。

Future模式可以理解为未来模式，主协程不用等待子协程返回的结果，可以先去做其他事情，等未来需要子协程结果的时候再来取，如果子协程还没有返回结果，就一直等待。我用下面的代码进行演示：

```go
ch11/main.go
//洗菜
func washVegetables() <-chan string {
    vegetables := make(chan string)
    go func() {
        time.Sleep(5 * time.Second)
```

```
        vegetables <- "洗好的菜"
    }()
    return vegetables
}

//烧水
func boilWater() <-chan string {
    water := make(chan string)
    go func() {
        time.Sleep(5 * time.Second)
        water <- "烧开的水"
    }()
    return water
}
```

洗菜和烧水这两个相互独立的任务可以一起做，所以示例中通过开启协程的方式，实现同时做的功能。当任务完成后，结果会通过 channel 返回。

提示　示例中的等待 5 秒用来描述洗菜和烧火的耗时。

在启动两个子协程同时去洗菜和烧水的时候，主协程就可以去干点其他事情（示例中是眯一会），等睡醒了，要做火锅的时候，就需要洗好的菜和烧好的水这两个结果了。我用下面的代码进行演示：

```
ch11/main.go
func main() {
    vegetablesCh := washVegetables() //洗菜
    waterCh := boilWater()           //烧水

    fmt.Println("已经安排洗菜和烧水了，我先眯一会")
    time.Sleep(2 * time.Second)

    fmt.Println("要做火锅了，看看菜和水好了吗")
    vegetables := <-vegetablesCh
    water := <-waterCh
    fmt.Println("准备好了，可以做火锅了:",vegetables,water)

}
```

Future 模式下的协程和普通协程的最大区别是可以返回结果，而这个结果会在未来的某个时间点使用。所以在未来获取这个结果的操作必须是一个阻塞的操作，要一直等到获取结果为止。

如果你的大任务可以拆解为一个个独立并发执行的小任务，并且可以通过这些小任务的结果得出最终大任务的结果，就可以使用 Future 模式。

11.6 小结

本章总结的并发模式与我们常说的设计模式（Design Pattern）很相似，都是对现实场景的抽象封装，以便提供一个统一的解决方案，但并发模式更专注于异步和并发。

你会在很多项目的源代码中一遍遍地看到本章提到的并发模式，虽然解决的问题不一样，但它们的思路是相似的，所以你也可以把它们进一步抽象，这样在项目开发中就可以直接复用。

并发模式不限于本章讲的这些内容，在项目中与并发、异步有关并且可以被抽象、复用的解决方案都可以总结为并发模式，所以发挥自己的想象吧。

本章的思考题：你还能总结出哪些并发模式呢？

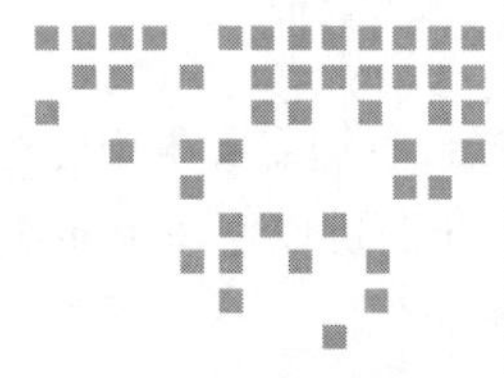

第 12 章 Chapter 12

并发技巧：高效并发安全的字节池

在上一章中，我讲了几种常见的并发模式，这些并发模式可以直接用于实战，以提升开发效率。在这一章，我会通过一个并发技巧，结束"高效并发"这一部分的讲解。本章会同时用到切片、管道、线程池、工厂模式、并发以及基准测试等知识，帮助你做到对这些Go语言知识的融会贯通。

基准测试是Go语言提供的一种性能测试方法，这里我会先使用，后面的章节会详细讲解。

12.1 字节切片

字节切片 []byte 是我们在编码中经常使用的，比如要读取文件的内容，或者由 io.Reader 获取数据等，都需要 []byte 做缓冲。

```
func ReadFull(r Reader, buf []byte) (n int, err error)

func (f *File) Read(b []byte) (n int, err error) {
    if err := f.checkValid("read"); err != nil {
        return 0, err
    }
    n, e := f.read(b)
    return n, f.wrapErr("read", e)
}
```

以上是两个使用 []byte 作为缓冲区的方法。那么现在问题来了，如果对于以上方法我们有大量的调用，那么就要声明很多个 []byte，这需要太多的内存申请和释放，也就会有太多的 GC。

12.2 高效字节池

在这个时候，我们需要重用已经创建好的 []byte 来提高对象的使用率，降低内存的申请和 GC。这时候我们可以使用 sync.Pool 来实现，但是还有更高效的方式。下面我来实现一个高效的字节池，先定义一个用于存储字节数据的结构体。

```
type BytePoolCap struct {
    c    chan []byte
    w    int
    wcap int
}
```

BytePoolCap 结构体的定义比较简单，共有三个字段：

1）c 是一个 chan，用于充当字节缓存池。

2）w 指使用 make 函数创建 []byte 时的 len 参数。

3）wcap 指使用 make 函数创建 []byte 时的 cap 参数。

有了 BytePoolCap 结构体，就可以为其定义 Get 方法，用于获取一个缓存的 []byte 了。

```
func (bp *BytePoolCap) Get() (b []byte) {
    select {
    case b = <-bp.c:
    //reuse existing buffer
    default:
        //create new buffer
        if bp.wcap > 0 {
            b = make([]byte, bp.w, bp.wcap)
        } else {
            b = make([]byte, bp.w)
        }
    }
    return
}
```

以上是采用经典的"select+chan"方式，能获取到 []byte 缓存则获取，获取不到就执行 default 分支，使用 make 函数生成一个 []byte。

从这里也可以看到，结构体中定义的 w 和 wcap 字段用于 make 函数的 len 和 cap 参数。

有了 Get 方法，还要有 Put 方法，这样就可以把使用过的 []byte 放回字节池，便于重用。

```
func (bp *BytePoolCap) Put(b []byte) {
    select {
    case bp.c <- b:
        //buffer went back into pool
    default:
        //buffer didn't go back into pool, just discard
    }
}
```

Put 方法也是采用“select+chan”，能放则放，不能放就丢弃这个 []byte。

12.3　使用 BytePoolCap

定义好 Get 和 Put 之后，就可以使用它们了，在使用前，BytePoolCap 还定义了一个工厂函数，用于生成 *BytePoolCap，比较方便。

```
func NewBytePoolCap(maxSize int, width int, capwidth int) (bp *BytePoolCap) {
    return &BytePoolCap{
        c:    make(chan []byte, maxSize),
        w:    width,
        wcap: capwidth,
    }
}
```

把相关的参数暴露出去，可以让调用者自己定制。这里的 maxSize 表示要创建的 chan 有多大，也就是字节池的大小、最大存放数量。

好了，实现了工厂函数 NewBytePoolCap，我们就可以使用它来生成一个自己的字节池了。

```
bp := bpool.NewBytePoolCap(500, 1024, 1024)
buf:=bp.Get()
defer bp.Put(buf)

//使用 buf，不再举例
```

以上就是使用字节池的一般思路，使用后记得放回以便复用。

12.4　BytePoolCap 与 sync.Pool 的对比

BytePoolCap 与 sync.Pool 两者原理基本上差不多，都是多协程安全的。sync.Pool 可以存放任何对象，BytePoolCap 只能存放 []byte，不过也正因为 BytePoolCap 是自定义的，所以它存放的对象类型明确，不用经过一层类型断言转换，还可以自己定制对象池的大小等。

关于二者的性能，我做了 Benchmark 测试，从整体看，自定义的 BytePoolCap 更好一些。

```
var bp = bpool.NewBytePoolCap(500, 1024, 1024)
var sp = &sync.Pool{
    New: func() interface{} {
        return make([]byte, 1024, 1024)
    },
}
```

上面定义了用于模拟的两个字节池，[]byte 的长度和容量都是 1024。

下面是模拟使用这两种字节池的示例。在这里我启动 500 个协程，模拟并发，因为不模拟并发的话，BytePoolCap 只分配一个 []byte，完全“秒杀”sync.Pool，这对 sync.Pool 不公平。

```
func opBytePool(bp *bpool.BytePoolCap) {
    var wg sync.WaitGroup
    wg.Add(500)
    for i := 0; i < 500; i++ {
        go func(bp *bpool.BytePoolCap) {
            buffer := bp.Get()
            defer bp.Put(buffer)
            mockReadFile(buffer)
            wg.Done()
        }(bp)
    }
    wg.Wait()
}

func opSyncPool(sp *sync.Pool) {
    var wg sync.WaitGroup
    wg.Add(500)
    for i := 0; i < 500; i++ {
        go func(sp *sync.Pool) {
            buffer := sp.Get().([]byte)
            defer sp.Put(buffer)
            mockReadFile(buffer)
            wg.Done()
        }(sp)
    }
    wg.Wait()
}
```

接下来就是我模拟的读取本机文件的一个函数 mockReadFile(buffer)：

```
func mockReadFile(b []byte) {
    f, _ := os.Open("water")
    for {
        n, err := io.ReadFull(f, b)
        if n == 0 || err == io.EOF {
            break
        }
    }
}
```

然后运行 `go test-bench=.-benchmem-run=none` 查看测试结果：

```
pkg: flysnow.org/hello
BenchmarkBytePool-8     1489      979113 ns/op     36504 B/op    1152 allocs/op
BenchmarkSyncPool-8     1008     1172429 ns/op     57788 B/op    1744 allocs/op
```

从测试结果看，BytePoolCap 在内存分配、每次操作分配字节、每次操作耗时上，都比 sync.Pool 更有优势。

12.5　小结

我记得这个高效字节池是在一个开源项目中看到的。在很多优秀的开源项目中，我们可以看到很多优秀的源代码实现，并且会根据自己的业务场景，对其做出更好的优化，同时提升自己的代码能力。

从下一章开始，我们将进入本书的第三部分“深入理解 Go 语言”。一定要好好复习前面的内容，因为从下一章开始内容就会比较深入了。

第三部分 Part 3

深入理解 Go 语言

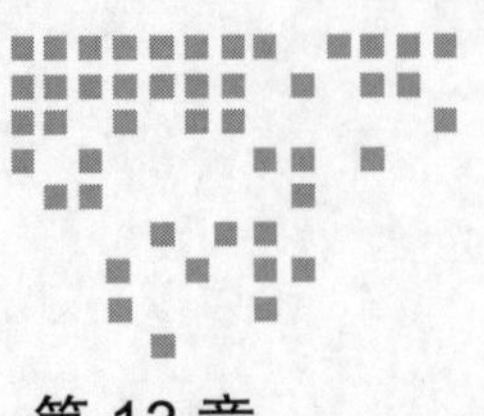

Chapter 13 第 13 章

指针详解：什么情况下应该使用指针

从本章起，我将带你学习本书的第三部分：深入理解 Go 语言。这部分主要为你讲解 Go 语言的高级特性，以及 Go 语言一些特性功能的底层原理。通过这部分的学习，你不仅可以更好地使用 Go 语言，还会更深入地理解 Go 语言，比如理解你所使用的 slice 的底层是如何实现的等。

13.1 什么是指针

我们都知道程序运行时的数据是存放在内存中的，而内存会被抽象为一系列具有连续编号的存储空间，那么每一个存储在内存中的数据都会有一个编号，这个编号就是内存地址。有了这个内存地址就可以找到这个内存中存储的数据，而内存地址可以被赋值给一个指针。

提示 内存地址通常用十六进制的数字表示，比如 0x45b876。

可以总结为：在编程语言中，指针是一种数据类型，用来存储一个内存地址，该地址指向存储在该内存中的对象。这个对象可以是字符串、整数、函数或者你自定义的结构体。

小技巧 你也可以简单地把指针理解为内存地址。

举个通俗的例子，每本书中都有目录，目录上会有相应章节的页码，你可以把页码理解为一系列内存地址，通过页码你可以快速地定位到具体的章节（也就是说，通过内存地址可以快速地找到存储的数据）。

13.2　指针的声明和定义

在 Go 语言中，获取一个变量的指针非常容易，使用取地址符（&）就可以，比如下面的例子：

```
ch13/main.go
func main() {
    name:=" 飞雪无情 "
    nameP:=&name// 取地址
    fmt.Println("name 变量的值为 :",name)
    fmt.Println("name 变量的内存地址为 :",nameP)
}
```

我在示例中定义了一个 string 类型的变量 name，它的值为“飞雪无情”，然后通过取地址符（&）获取变量 name 的内存地址，并赋值给指针变量 nameP，该指针变量的类型为 *string。运行以上示例你可以看到如下打印结果：

```
name 变量的值为 : 飞雪无情
name 变量的内存地址为 : 0xc000010200
```

这一串 0xc000010200 就是内存地址，这个内存地址可以赋值给指针变量 nameP。

指针类型非常廉价，只占用 4 字节或者 8 字节的内存大小。

以上示例中 nameP 指针的类型是 *string，用于指向 string 类型的数据。在 Go 语言中使用类型名称前加“ * ”的方式，即可表示一个对应的指针类型。比如 int 类型的指针类型是 *int，float64 类型的指针类型是 *float64，自定义结构体 A 的指针类型是 *A。总之，指针类型就是在对应的类型前加“ * ”号。

下面通过图 13-1 让你更好地理解普通类型变量、指针类型变量、内存地址、内存等之间的关系。

图 13-1 就是我列举的例子所对应的示意图，从图中可以看到普通变量 name 的值“飞雪无情”被放到内存地址为 0xc000010200 的内存块中。指针类型变量也是变量，它也需要一块内存用来存储值，这块内存对应的地址就是 0xc00000e028，存储的值是 0xc000010200。相信你已经看到关键点了，指针变量 nameP 的值正好是普通变量 name 的内存地址，这样就建立了指向关系。

提示　指针变量的值就是它所指向数据的内存地址，普通变量的值就是我们具体存放的数据。

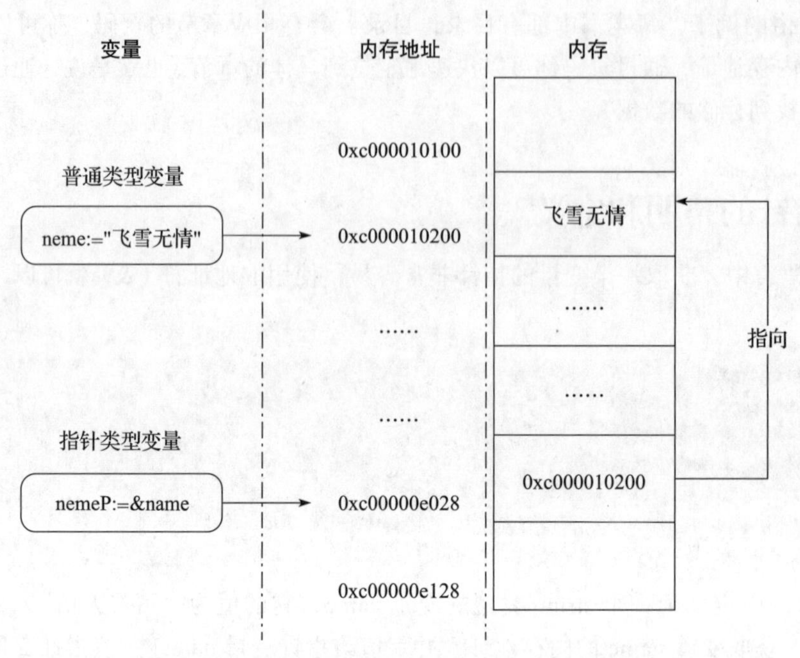

图 13-1 指针类型变量、内存地址指向示意图

不同的指针类型是无法相互赋值的，比如你不能对一个 string 类型的变量取地址然后赋值给 *int 指针类型，编译器会提示你 `Cannot use'&name'(type*string)as type*int in assignment`。

此外，除了可以通过简短声明的方式声明一个指针类型的变量外，也可以使用 var 关键字声明，如下面示例中的 `var intP *int` 就声明了一个 *int 类型的变量 intP。

```
var intP *int
intP = &name //指针类型不同，无法赋值
```

可以看到指针变量与普通的变量一样，既可以通过 var 关键字定义，也可以通过简短声明定义。

> 提示 通过 var 声明的指针变量是不能直接赋值和取值的，因为这时候它仅仅是个变量，还没有对应的内存地址，它的值是 nil。

与普通类型不一样的是，指针类型还可以通过内置的 new 函数来声明，如下所示：

```
intP1:=new(int)
```

内置的 new 函数有一个参数，可以传递类型给它。它会返回对应的指针类型，比如上述示例中会返回一个 *int 类型的 intP1。

13.3　指针的操作

在 Go 语言中指针的操作无非是两种：一种是获取指针指向的值，一种是修改指针指向的值。

首先介绍如何获取，我用下面的代码进行演示：

```
nameV:=*nameP
fmt.Println("nameP 指针指向的值为 :",nameV)
```

可以看到，要获取指针指向的值，只需要在指针变量前加“*”号即可，获得的变量 nameV 的值就是“飞雪无情”，方法比较简单。

修改指针指向的值也非常简单，比如下面的例子：

```
*nameP = " 公众号 : 飞雪无情 " // 修改指针指向的值
fmt.Println("nameP 指针指向的值为 :",*nameP)
fmt.Println("name 变量的值为 :",name)
```

对 *nameP 赋值等于修改了指针 nameP 指向的值。运行程序后你将看到如下打印输出：

```
nameP 指针指向的值为 : 公众号 : 飞雪无情
name 变量的值为 : 公众号 : 飞雪无情
```

通过打印结果可以看到，不仅 nameP 指针指向的值被改变了，变量 name 的值也被改变了，这就是指针的作用。因为变量 name 存储数据的内存就是指针 nameP 指向的内存，这块内存被 nameP 修改后，变量 name 的值也被修改了。

我们已经知道，通过 var 关键字直接定义的指针变量是不能进行赋值操作的，因为它的值为 nil，也就是还没有指向的内存地址。比如下面的示例：

```
var intP *int
*intP =10
```

运行的时候会提示 `invalid memory address or nil pointer dereference`。这时候该怎么办呢？其实只需要通过 new 函数给它分配一块内存就可以了，如下所示：

```
var intP *int = new(int)
// 更推荐简短声明法，这里是为了演示
// intP:=new(int)
```

13.4　指针参数

假如有一个函数 modifyAge，想要用它来修改年龄，如下面的代码所示。但运行它，你会看到 age 的值并没有被修改，还是“18”，并没有变成“20”。

```
age:=18
```

```
modifyAge(age)
fmt.Println("age 的值为:",age)

func modifyAge(age int)  {
    age = 20
}
```

导致这种结果的原因是modifyAge中的age只是实参age的一份拷贝，所以修改它不会改变实参age的值。

如果要达到修改年龄的目的，就需要使用指针，现在对示例进行改造，如下所示：

```
age:=18
modifyAge(&age)
fmt.Println("age 的值为:",age)

func modifyAge(age *int)  {
    *age = 20
}
```

也就是说，当你需要在函数中通过形参改变实参的值时，需要使用指针类型的参数。

13.5 指针接收者

指针的接收者在第6章中有详细介绍，你可以再回顾一下。对于是否使用指针类型作为接收者，有以下几点参考：

1）如果接收者类型是map、slice、channel这类引用类型，不使用指针。

2）如果需要修改接收者，那么需要使用指针。

3）如果接收者是比较大的类型，可以考虑使用指针，因为内存拷贝廉价，所以效率高。

所以对于是否使用指针类型作为接收者，还需要根据实际情况考虑。

13.6 什么情况下使用指针

从以上指针的详细分析中，我们可以总结出指针的两大好处：

1）可以修改所指向数据的值。

2）在变量赋值、参数传值的时候可以节省内存。

不过，Go语言作为一种高级语言，在指针的使用上还是比较克制的。它在设计的时候就对指针进行了诸多限制，比如指针不支持运算，也不能获取常量的指针。所以在思考是否使用时，我们也要保持克制的心态。

根据实战经验我总结了以下几点使用指针的建议，供你参考：

1）不要对map、slice、channel这类引用类型使用指针。

2）如果需要修改方法接收者内部的数据或者状态时，需要使用指针。

3）如果需要修改参数的值或者内部数据时，也需要使用指针类型的参数。

4）如果是比较大的结构体，每次参数传递或者调用方法都要内存拷贝，内存占用多，这时候可以考虑使用指针。

5）像 int、bool 这样的小数据类型没必要使用指针。

6）如果需要并发安全，则尽可能地不要使用指针，使用指针一定要保证并发安全。

7）指针最好不要嵌套，也就是不要使用一个指向指针的指针，虽然 Go 语言允许这么做，但是这会使你的代码变得异常复杂。

13.7　小结

为了使编程变得更简单，在高级语言中指针被逐渐淡化，但是它也的确有自己的优势：修改数据的值和节省内存。所以在 Go 语言的开发中我们要尽可能地使用值类型，而不是指针类型，因为值类型可以使你的开发变得更简单，并且也是并发安全的。如果你想使用指针类型，就要参考我上面讲到的使用指针的条件，看看是否满足，要在满足和必须的情况下才使用指针。

本章到这里就要结束了，在这一章的最后同样给你留个思考题：指向接口的指针是否实现了该接口？为什么？思考后可以自己写代码验证一下。

下一章将深入讲解值类型、引用类型、指针类型之间的关系和区别。

Chapter 14 第 14 章

参数传递：值、引用以及指针的区别

上一章留了一个关于指向接口的指针的思考题。在第 6 章中，你已经知道了如何实现一个接口，并且也知道如果值接收者实现了接口，那么值的指针也就实现了该接口。现在我们一起来复习一下接口实现的知识，然后再解答关于指向接口的指针的思考题。

在下面的代码中，值类型 address 作为接收者实现了接口 fmt.Stringer，那么它的指针类型 *address 也实现了接口 fmt.Stringer。

```
ch14/main.go
type address struct {
    province string
    city string
}

func (addr address) String()  string{
    return fmt.Sprintf("the addr is %s%s",addr.province,addr.city)
}
```

在下面的代码示例中，我定义了值类型的变量 add，然后把它和它的指针 &add 都作为参数传给函数 printString，发现都是可以的，并且代码可以成功运行。这也证明了当值类型作为接收者实现了某接口时，它的指针类型也同样实现了该接口。

```
ch14/main.go
func main() {
    add := address{province:" 北京 ", city:" 北京 "}
    printString(add)
    printString(&add)
}
```

```
func printString(s fmt.Stringer) {
    fmt.Println(s.String())
}
```

基于以上结论，我们继续分析，看是否可以定义一个指向接口的指针。如下所示：

```
ch14/main.go
var si fmt.Stringer =address{province: "上海",city: "上海"}
printString(si)
sip:=&si
printString(sip)
```

在这个示例中，因为类型 address 已经实现了接口 fmt.Stringer，所以它的值可以被赋予变量 si，而且 si 也可以作为参数传递给函数 printString。

接着你可以使用 `sip:=&si` 这样的操作获得一个指向接口的指针，这是没有问题的。不过最终你无法把指向接口的指针 sip 作为参数传递给函数 printString，Go 语言的编译器会提示如下错误信息：

```
./main.go:42:13: cannot use sip (type *fmt.Stringer) as type fmt.Stringer in
    argument to printString:
    *fmt.Stringer is pointer to interface, not interface
```

于是可以总结为：虽然指向具体类型的指针可以实现一个接口，但是指向接口的指针永远不可能实现该接口。

所以你几乎从不需要一个指向接口的指针，把它忘掉吧，不要让它在你的代码中出现。

通过这个思考题，相信你也对 Go 语言的值类型、引用类型和指针等概念有了一定的了解，但可能也存在一些迷惑。这一章将更深入地分析这些概念。

14.1　修改参数

假设你定义了一个函数，并在函数里对参数进行修改，想让调用者可以通过参数获取你最新修改的值。我仍然以前面章节用到的 person 结构体举例，如下所示：

```
ch14/main.go
func main() {
    p:=person{name: "张三",age: 18}
    modifyPerson(p)
    fmt.Println("person name:",p.name,",age:",p.age)
}

func modifyPerson(p person)  {
    p.name = "李四"
    p.age = 20
}
```

```
type person struct {
    name string
    age int
}
```

在这个示例中，我期望通过 modifyPerson 函数把参数 p 中的 name 修改为“李四”，把 age 修改为“20”。代码没有错误，但是运行一下，你会看到如下输出：

```
person name: 张三 ,age: 18
```

怎么还是“张三”与“18”呢？我换成指针参数试试，因为在上一章中我们已经知道可以通过指针修改指向的数据，如下所示：

```
modifyPerson(&p)

func modifyPerson(p *person)  {
    p.name = "李四"
    p.age = 20
}
```

这些代码用于满足指针参数的修改，把接收的参数改为指针参数，以及在调用 modifyPerson 函数时，通过 & 取地址符传递一个指针。现在再运行程序，就可以看到期望的输出了，如下所示：

```
person name: 李四 ,age: 20
```

14.2 值类型

在上面的小节中，我定义的普通变量 p 是 person 类型的。在 Go 语言中，person 是一个值类型，而 &p 获取的指针是 *person 类型的，即指针类型。那么为什么值类型在参数传递中无法修改呢？这也要从内存讲起。

在上一章中，我们已经知道变量的值是存储在内存中的，而内存都有一个编号，称为内存地址。所以要想修改内存中的数据，就要找到这个内存地址。现在，我来对比值类型变量在函数内外的内存地址，如下所示：

```
ch14/main.go
func main() {
    p:=person{name: "张三",age: 18}
    fmt.Printf("main 函数: p 的内存地址为 %p\n",&p)
    modifyPerson(p)
    fmt.Println("person name:",p.name,",age:",p.age)
}

func modifyPerson(p person)  {
    fmt.Printf("modifyPerson 函数: p 的内存地址为 %p\n",&p)
```

```
    p.name = "李四"
    p.age = 20
}
```

其中，我把原来的示例代码做了更改，分别打印出 main 函数中变量 p 的内存地址，以及 modifyPerson 函数中参数 p 的内存地址。运行以上程序，可以看到如下结果：

```
main 函数：p 的内存地址为 0xc0000a6020
modifyPerson 函数：p 的内存地址为 0xc0000a6040
person name: 张三 ,age: 18
```

你会发现它们的内存地址都不一样，这就意味着，在 modifyPerson 函数中修改的参数 p 和 main 函数中的变量 p 不是同一个（如图 14-1 所示），这也是我们在 modifyPerson 函数中修改参数 p，但是在 main 函数中打印后发现并没有修改的原因。

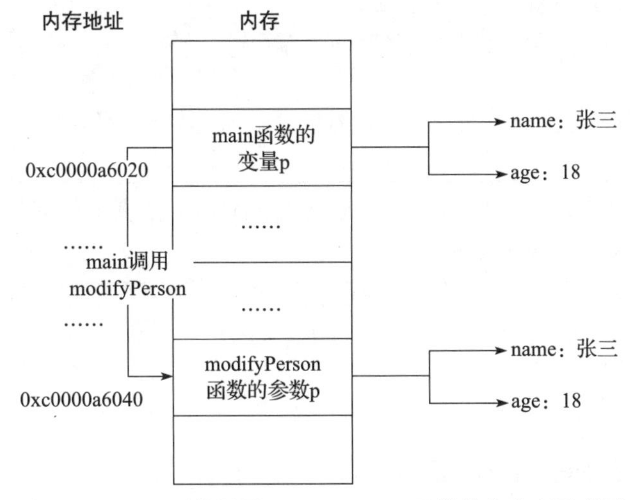

图 14-1　main 函数调用 modifyPerson 函数传参内存示意图

导致这种结果的原因是 Go 语言中的函数传参都是值传递。值传递指的是传递原来数据的一份拷贝，而不是原来的数据本身。

从 modifyPerson 函数来看，在调用 modifyPerson 函数传递变量 p 的时候，Go 语言会拷贝一个 p 放在一个新的内存中，这样新的 p 的内存地址就和原来不一样了，但是里面的 name 和 age 是一样的，还是张三和 18。这就是副本的意思，变量里的数据一样，但是存放的内存地址不一样。

除了 struct 外，还有浮点型、整型、字符串、布尔、数组，这些都是值类型。

14.3　指针类型

指针类型的变量保存的值就是数据对应的内存地址，所以在函数传参采用值传递的原则下，拷贝的值也是内存地址。现在对以上示例稍做修改，修改后的代码如下：

```
func main() {
    p:=person{name: "张三",age: 18}
    fmt.Printf("main 函数: p 的内存地址为 %p\n",&p)
    modifyPerson(&p)
    fmt.Println("person name:",p.name,",age:",p.age)
}
func modifyPerson(p *person)  {
    fmt.Printf("modifyPerson 函数: p 的内存地址为 %p\n",p)
    p.name = "李四"
    p.age = 20
}
```

运行这个示例，你会发现打印出的内存地址一致，并且数据也被修改成功了，如下所示：

```
main 函数: p 的内存地址为 0xc0000a6020
modifyPerson 函数: p 的内存地址为 0xc0000a6020
person name: 李四,age: 20
```

所以指针类型的参数是永远可以修改原数据的，因为在参数传递时，传递的是内存地址。

值传递的是指针，也是内存地址。通过内存地址可以找到原数据的那块内存，所以修改它也就等于修改了原数据。

14.4 引用类型

下面要介绍的是引用类型，包括 map 和 chan。

14.4.1 map

对于上面的例子，假如我不使用自定义的 person 结构体和指针，能不能用 map 达到修改的目的呢？

下面我来试验一下，如下所示：

```
ch14/main.go
func main() {
    m:=make(map[string]int)
    m["飞雪无情"] = 18
    fmt.Println("飞雪无情的年龄为",m["飞雪无情"])
    modifyMap(m)
    fmt.Println("飞雪无情的年龄为",m["飞雪无情"])
}

func modifyMap(p map[string]int)  {
```

```
    p["飞雪无情"] =20
}
```

我定义了一个 map[string]int 类型的变量 m，存储一个 Key 为“飞雪无情”、Value 为“18”的键值对，然后把这个变量 m 传递给函数 modifyMap。modifyMap 函数所做的事情就是把对应的值修改为“20”。现在运行这段代码，通过打印输出，看看是否修改成功，结果如下所示：

```
飞雪无情的年龄为 18
飞雪无情的年龄为 20
```

确实修改成功了。你是不是有不少疑惑？没有使用指针，只是用了 map 类型的参数，按照 Go 语言值传递的原则，modifyMap 函数中的 map 是一个副本，怎么会修改成功呢？

要想解答这个问题，就要从 make 这个 Go 语言内建的函数说起。在 Go 语言中，任何创建 map 的代码（不管是字面量还是 make 函数）最终调用的都是 runtime.makemap 函数。

提示　用字面量或者 make 函数的方式创建 map，并转换成 makemap 函数的调用，这个转换是 Go 语言编译器自动帮我们做的。

从下面的代码可以看到，makemap 函数返回的是一个 *hmap 类型，也就是说返回的是一个指针，所以我们创建的 map 其实就是 *hmap 类型。

```
src/runtime/map.go
//makemap implements Go map creation for make(map[k]v, hint).
func makemap(t *maptype, hint int, h *hmap) *hmap{
    //省略无关代码
}
```

因为 Go 语言的 map 类型本质上就是 *hmap，所以根据替换的原则，我刚刚定义的 modifyMap(p map) 函数其实就是 modifyMap(p *hmap)。这是不是与上一小节讲的指针类型的参数调用一样了？这也是通过 map 类型的参数可以修改原始数据的原因，因为它本质上就是一个指针。

为了进一步验证创建的 map 就是一个指针，我修改上述示例，打印 map 类型的变量和参数对应的内存地址，如下面的代码所示：

```
func main(){
    //省略其他没有修改的代码
    fmt.Printf("main 函数：m 的内存地址为 %p\n",m)
}

func modifyMap(p map[string]int)  {
    fmt.Printf("modifyMap 函数：p 的内存地址为 %p\n",p)
    //省略其他没有修改的代码
}
```

例子中的两句打印代码是新增的，其他代码没有修改，这里就不再贴出来了。运行修改后的程序，你可以看到如下输出：

```
飞雪无情的年龄为 18
main 函数：m 的内存地址为 0xc000060180
modifyMap 函数：p 的内存地址为 0xc000060180
飞雪无情的年龄为 20
```

从输出结果可以看到，它们的内存地址一模一样，所以才可以修改原始数据，得到年龄是“20”的结果。而且我在打印指针的时候，直接使用的是变量 m 和 p，并没有用到取地址符 &，这是因为它们本来就是指针，所以就没有必要再使用 & 取地址了。

所以在这里，Go 语言通过 make 函数或字面量的包装为我们省去了指针的操作，让我们可以更容易地使用 map。其实这就是语法糖，是编程界的老传统了。

注意 这里的 map 可以理解为引用类型，但是它本质上是一个指针，只是可以叫作引用类型而已。在参数传递时，它还是值传递，并不是其他编程语言中所谓的引用传递。

14.4.2 chan

还记得我们在本书第二部分中学的 channel 吗？它也可以理解为引用类型，而它本质上也是指针。

通过下面的源代码可以看到，所创建的 chan 其实是 *hchan，所以它在参数传递中也与 map 一样。

```
func makechan(t *chantype, size int64) *hchan {
    //省略无关代码
}
```

严格来说，Go 语言没有引用类型，但是我们可以把 map、chan 称为引用类型，这样便于理解。除了 map、chan 之外，Go 语言中的函数、接口、slice（切片）都可以称为引用类型。

提示 指针类型也可以理解为一种引用类型。

14.5 类型的零值

在 Go 语言中，要么通过声明定义变量，要么通过 make 和 new 函数定义变量，不一样的是 make 和 new 函数属于显式声明并初始化。如果我们声明的变量没有显式声明初始化，那么该变量的默认值就是对应类型的零值。

从表 14-1 可以看到，可以称为引用类型的变量的零值都是 nil。

表 14-1　各种类型变量的零值

类型	零值	类型	零值
数值类型（int、float 等）	0	map	nil
bool	false	指针	nil
string	""（空字符串）	函数	nil
struct	内部字段的零值	chan	nil
slice	nil	interface	nil

14.6　小结

在 Go 语言中，函数的参数传递只有值传递，而且传递的实参都是原始数据的一份拷贝。如果拷贝的内容是值类型的，那么在函数中就无法修改原始数据；如果拷贝的内容是指针（或者可以理解为引用类型，如 map、chan 等），那么就可以在函数中修改原始数据。

所以我们在创建一个函数的时候，要根据自己的真实需求决定参数的类型，以便更好地服务于我们的业务。

在这一章中，我在讲解 chan 的时候没有举例，你自己可以自定义一个有 chan 参数的函数，作为练习题。在下一章我将介绍内存分配。

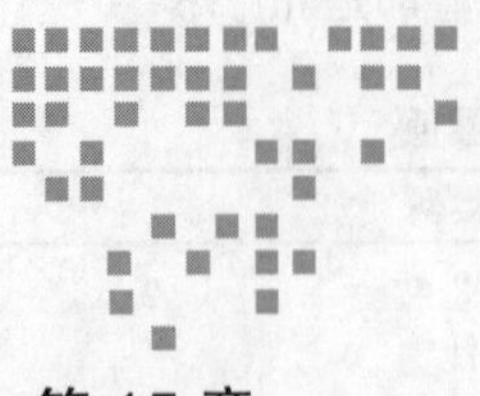

Chapter 15 第 15 章

内存分配：new 和 make 该如何选择

程序的运行都需要内存，比如变量的创建、函数的调用、数据的计算等，所以在需要内存的时候就要申请内存，进行内存分配。在 C/C++ 这类语言中，内存是由开发者自己管理的，需要主动申请和释放，而在 Go 语言中则是由该语言自己管理的，开发者不用做太多干涉，只需要声明变量，Go 语言就会根据变量的类型自动分配相应的内存。

Go 语言程序所管理的虚拟内存空间会被分为两部分：堆内存和栈内存。栈内存主要由 Go 语言来管理，开发者无法干涉太多，堆内存才是开发者发挥能力的舞台。因为大部分程序数据分配在堆内存上，所以一个程序的大部分内存占用也是在堆内存上。

我们常说的 Go 语言的内存垃圾回收是针对堆内存的垃圾回收。

变量的声明、初始化就涉及内存的分配，比如声明变量会用到 var 关键字，如果要对变量初始化，就会用到“=”赋值运算符。除此之外还可以使用内置函数 new 和 make，这两个函数你在前面的章节中已经见过，它们的功能非常相似，但你可能还是比较迷惑，所以在这一章我会基于内存分配引出内置函数 new 和 make，讲解它们的不同以及使用场景。

15.1 变量

一个数据类型在声明和初始化后都会赋值给一个变量，变量存储了程序运行所需的数据。

15.1.1　变量的声明

与前面章节讲的一样，如果要单纯声明一个变量，可以通过 var 关键字，如下所示：

```
var s string
```

该示例只是声明了一个变量 s，类型为 string，并没有对它进行初始化，所以它的值为 string 的零值，也就是空字符串（""）。

在上一章你已经知道 string 其实是一个值类型，声明一个指针类型的变量也是可以的，如下所示：

```
var sp *string
```

但是它同样没有被初始化，所以它的值是 *string 类型的零值，也就是 nil。

15.1.2　变量的赋值

变量可以通过"="运算符赋值，也就是修改变量的值。如果在声明一个变量的时候就给这个变量赋值，这种操作就称为变量的初始化。要对一个变量初始化，可以有三种办法。

1）声明时直接初始化，比如 `var s string="飞雪无情"`。

2）声明后再进行初始化，比如 `s="飞雪无情"`（假设已经声明变量 s）。

3）使用 := 简单声明，比如 `s:="飞雪无情"`。

> 提示　变量的初始化也是一种赋值，只不过它发生在变量声明的时候，时机最靠前。也就是说，当你获得这个变量时，它就已经被赋值了。

现在，我们对上面示例中的变量 s 进行赋值，示例代码如下：

```
ch15/main.go
func main() {
    var s string
    s = "张三"
    fmt.Println(s)
}
```

运行以上代码，可以正常打印出"张三"，说明值类型的变量没有初始化时，直接赋值是没有问题的。那么，对于指针类型的变量呢？

在下面的示例代码中，我声明了一个指针类型的变量 sp，然后把该变量的值修改为"飞雪无情"。

```
ch15/main.go
func main() {
    var sp *string
    *sp = "飞雪无情"
    fmt.Println(*sp)
}
```

运行这些代码，你会看到如下错误信息：

```
panic: runtime error: invalid memory address or nil pointer dereference
```

这是因为指针类型的变量如果没有分配内存，其默认值是零值（nil），它没有指向的内存，所以无法使用，强行使用就会得到以上nil指针错误。

而对于值类型来说，即使只声明一个变量，没有对其初始化，该变量也会有分配好的内存。

在下面的示例中，我声明了一个变量s，并没有对其初始化，但是可以通过&s获取它的内存地址，其原因是Go语言帮我们做了分配，所以可以直接使用。

```
func main() {
    var s string
    fmt.Printf("%p\n",&s)
}
```

还记得我们在讲并发的时候使用`var wg sync.WaitGroup`声明的变量wg吗？现在你应该知道为什么不进行初始化也可以直接使用了吧？因为sync.WaitGroup是一个struct（结构体），是一个值类型，Go语言自动分配了内存，所以可以直接使用，不会报nil异常。

于是可以得到结论：如果要对一个变量赋值，这个变量必须有对应的分配好的内存，这样才可以对这块内存进行操作，达到赋值的目的。

提示 其实不止赋值操作，对于指针变量，如果没有分配内存，取值操作一样会报nil异常，因为没有可以操作的内存。

所以一个变量必须要经过声明、内存分配才能赋值，才可以进行初始化。指针类型在声明的时候，Go语言并没有自动分配内存，所以不能对其进行赋值操作，这与值类型不一样。

提示 map和chan也一样，因为它们本质上也是指针类型。

15.2 new函数

既然我们已经知道了声明的指针变量默认是没有分配内存的，那么给它分配一块就可以了。于是，本章的主角之一——new函数出场了。对于上面的例子，可以使用new函数进行如下改造：

```go
ch15/main.go
func main() {
    var sp *string
    sp = new(string)//关键点
    *sp = "飞雪无情"
    fmt.Println(*sp)
}
```

以上代码的关键点在于通过内置的 new 函数生成了一个 *string，并赋值给了变量 sp。现在再运行程序就正常了。

内置函数 new 的作用是什么呢？可以通过它的源代码定义分析，如下所示：

```go
//The new built-in function allocates memory. The first argument is a type,
//not a value, and the value returned is a pointer to a newly
//allocated zero value of that type.
func new(Type) *Type
```

它的作用就是根据传入的类型申请一块内存，然后返回指向这块内存的指针，指针指向的数据就是该类型的零值。

比如传入的类型是 string，那么返回的就是 string 指针，这个 string 指针指向的数据就是空字符串，如下所示：

```go
sp1 = new(string)
fmt.Println(*sp1)//打印空字符串，也就是string的零值
```

通过 new 函数分配内存并返回指向该内存的指针后，就可以通过该指针对这块内存进行赋值、取值等操作。

15.3　变量初始化

变量被声明后，其默认值为零值，零值并不能满足我们的要求，这时就需要在变量声明的同时进行赋值（修改变量的值），这个过程称为变量的初始化。

下面的示例就是 string 类型的变量初始化，因为它的零值（空字符串）不能满足要求，所以需要在声明的时候就初始化为“飞雪无情”。

```go
var s string = "飞雪无情"
s1:="飞雪无情"
```

不仅基础类型可以通过以上字面量的方式进行初始化，复合类型也可以，比如之前章节示例中的 person 结构体，如下所示：

```go
type person struct {
    name string
    age int
}
```

```
func main() {
    //字面量初始化
    p:=person{name: "张三",age: 18}
}
```

在该示例代码中，在声明p变量的同时，把它的name初始化为“张三”，age初始化为“18”。

15.3.1 指针变量初始化

在上面的小节中，你已经知道了new函数可以申请内存并返回一个指向该内存的指针，但是这块内存中数据的值默认是该类型的零值，在一些情况下并不满足业务需求。比如我想得到一个*person类型的指针，并且它的name是“飞雪无情”、age是“20”，但是new函数只有一个类型参数，并没有初始化值的参数，该怎么办呢？

要达到这个目的，你可以自定义一个函数，对指针变量进行初始化，如下所示：

```
ch15/main.go
func NewPerson() *person{
    p:=new(person)
    p.name = "飞雪无情"
    p.age = 20
    return p
}
```

还记得前面章节讲的工厂函数吗？这个代码示例中的NewPerson函数就是工厂函数，除了使用new函数创建一个person指针外，还对它进行了赋值，也就是初始化。这样NewPerson函数的使用者就会得到一个name为“飞雪无情”、age为“20”的*person类型的指针，通过NewPerson函数做一层包装，把内存分配（new函数）和初始化（赋值）都完成了。

下面的代码就是使用NewPerson函数的示例，它通过打印*pp指向的数据值，来验证name是否是“飞雪无情”、age是否是“20”。

```
pp:=NewPerson()
fmt.Println("name为",pp.name,",age为",pp.age)
```

为了让自定义的工厂函数NewPerson更加通用，我把它改造一下，让它可以接收name和age参数，如下所示：

```
ch15/main.go
pp:=NewPerson("飞雪无情",20)

func NewPerson(name string,age int) *person{
    p:=new(person)
    p.name = name
```

```
    p.age = age
    return p
}
```

这些代码的效果同刚才的示例一样，但是 NewPerson 函数更通用，因为你可以传递不同的参数，构建出不同的 *person 变量。

15.3.2　make 函数

铺垫了这么多，终于要讲到本章的第二个主角——make 函数了。在上一章中你已经知道，在使用 make 函数创建 map 的时候，其实调用的是 makemap 函数，如下所示：

```
src/runtime/map.go
//makemap implements Go map creation for make(map[k]v, hint).
func makemap(t *maptype, hint int, h *hmap) *hmap{
    //省略无关代码
}
```

makemap 函数返回的是 *hmap 类型，而 hmap 是一个结构体，它的定义如下面的代码所示：

```
src/runtime/map.go
//A header for a Go map.
type hmap struct {
    //Note: the format of the hmap is also encoded in cmd/compile/internal/gc/
     reflect.go.
    //Make sure this stays in sync with the compiler's definition.
    count     int    //# live cells == size of map.  Must be first (used by len()
                       builtin)
    flags     uint8
    B         uint8  //log_2 of # of buckets (can hold up to loadFactor * 2^B items)
    noverflow uint16 //approximate number of overflow buckets; see incrnoverflow
                       for details
    hash0     uint32 //hash seed

    buckets    unsafe.Pointer //array of 2^B Buckets. may be nil if count==0.
    oldbuckets unsafe.Pointer //previous bucket array of half the size, non-nil
                                only when growing
    nevacuate  uintptr        //progress counter for evacuation (buckets less than
                                this have been evacuated)

    extra *mapextra //optional fields
}
```

可以看到，我们平时使用的 map 关键字其实非常复杂，它包含 map 的大小 count、存储桶 buckets 等。要想使用这样的 hmap，不是简单地通过 new 函数返回一个 *hmap 就可以了，还需要对其进行初始化，这就是 make 函数要做的事情，如下所示：

```
m:=make(map[string]int,10)
```

是不是发现 make 函数和上一小节中自定义的 NewPerson 函数很像？其实 make 函数就是 map 类型的工厂函数，它可以根据传递它的 K-V（键值对）类型，创建不同类型的 map，同时可以初始化 map 的大小。

make 函数不只是 map 类型的工厂函数，还是 chan、slice 的工厂函数。它同时可以用于 slice、chan 和 map 这三种类型的初始化。

15.4 小结

通过这一章的讲解，相信你已经理解了函数 new 和 make 的区别，现在我再来总结一下。

new 函数只用于分配内存，并且把内存清零，也就是返回一个指向对应类型零值的指针。new 函数一般用于需要显式地返回指针的情况，不是太常用。

make 函数只用于 slice、chan 和 map 这三种内置类型的创建与初始化，因为这三种类型的结构比较复杂，比如 slice 要提前初始化内部元素的类型、slice 的长度和容量等，这样才可以更好地使用它们。

在这一章的最后，给你留一个练习题：使用 make 函数创建 slice，并且使用不同的长度和容量作为参数，看看它们的效果。

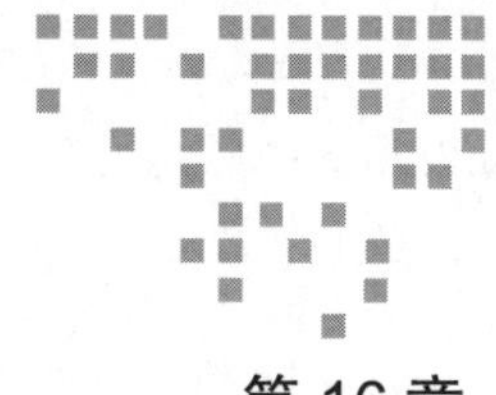

第 16 章 Chapter 16

运行时反射：字符串和结构体之间如何转换

我们在开发中会接触很多字符串和结构体之间的转换，尤其是在调用 API 的时候，你需要把 API 返回的 JSON 字符串转换为 struct 结构体，以便于操作。那么一个 JSON 字符串是如何转换为 struct 结构体的呢？这就需要用到反射的知识，这一章我会基于字符串和结构体之间的转换，一步步地为你揭开 Go 语言运行时反射的面纱。

16.1 什么是反射

同 Java 语言一样，Go 语言也有运行时反射，这为我们提供了一种可以在运行时操作任意类型对象的能力。比如查看一个接口变量的具体类型、看看一个结构体有多少字段、修改某个字段的值等。

Go 语言是静态编译类语言，比如在定义一个变量的时候，已经知道了它是什么类型，那么为什么还需要反射呢？这是因为有些事情只有在运行时才知道。比如你定义了一个函数，它有一个 interface{} 类型的参数，这也就意味着调用者可以传递任何类型的参数给这个函数。在这种情况下，如果你想知道调用者传递的是什么类型的参数，就需要用到反射。如果你想知道一个结构体有哪些字段和方法，也需要反射。

还是以我常用的函数 fmt.Println 为例，如下所示：

```
src/fmt/print.go
func Println(a ...interface{}) (n int, err error) {
```

```
    return Fprintln(os.Stdout, a...)
}
```

例子中 fmt.Println 的源代码有一个可变参数，类型为 interface{}，这意味着你可以传递零个或者多个任意类型参数给它，而且都能正确打印这些参数。

16.2 获取对象的值和类型

在 Go 语言的反射定义中，任何接口都由两部分组成：接口的具体类型，以及具体类型对应的值。比如 `var i int=3`，因为 interface{} 可以表示任何类型，所以变量 i 可以转为 interface{}。你可以把变量 i 当成一个接口，那么这个变量在 Go 反射中的表示就是 <Value,Type>。其中 Value 为变量的值，即 3，而 Type 为变量的类型，即 int。

interface{} 是空接口，可以表示任何类型，也就是说你可以把任何类型转换为空接口，它通常用于反射、类型断言，以减少重复代码，简化编程。

在 Go 反射中，标准库为我们提供了两种类型 reflect.Value 和 reflect.Type 来分别表示变量的值和类型，并且提供了两个函数 reflect.ValueOf 和 reflect.TypeOf 分别获取任意对象的 reflect.Value 和 reflect.Type。

我用下面的代码进行演示：

ch16/main.go
```
func main() {
    i:=3
    iv:=reflect.ValueOf(i)
    it:=reflect.TypeOf(i)
    fmt.Println(iv,it)// 3 int
}
```

代码定义了一个 int 类型的变量 i，它的值为 3，然后通过 reflect.ValueOf 和 reflect.TypeOf 函数就可以获得变量 i 对应的 reflect.Value 和 reflect.Type。通过 fmt.Println 函数打印后，可以看到结果是“3 int”，这也可以证明 reflect.Value 表示的是变量的值，reflect.Type 表示的是变量的类型。

16.3 reflect.Value

reflect.Value 可以通过函数 reflect.ValueOf 获得，下面将为你介绍它的结构和用法。

16.3.1 结构体定义

在 Go 语言中，reflect.Value 被定义为一个结构体，它的定义如下面的代码所示：

```
type Value struct {
    typ *rtype
    ptr unsafe.Pointer
    flag
}
```

我们发现reflect.Value结构体的字段都是私有的，也就是说，我们只能使用reflect.Value的方法。现在看看它有哪些常用方法，如下所示：

```
//针对具体类型的系列方法
//以下是用于获取对应的值
Bool
Bytes
Complex
Float
Int
String
Uint
CanSet //是否可以修改对应的值
//以下是用于修改对应的值
Set
SetBool
SetBytes
SetComplex
SetFloat
SetInt
SetString

Elem //获取指针指向的值，一般用于修改对应的值

//以下Field系列方法用于获取struct类型中的字段
Field
FieldByIndex
FieldByName
FieldByNameFunc

Interface //获取对应的原始类型
IsNil //值是否为nil
IsZero //值是否是零值
Kind //获取对应的类型类别，比如Array、Slice、Map等

//获取对应的方法
Method
MethodByName

NumField //获取struct类型中字段的数量
NumMethod //类型上方法集的数量
Type //获取对应的reflect.Type
```

看着比较多，其实就三类：一类用于获取和修改对应的值；一类与struct类型的字段有

关，用于获取对应的字段；一类与类型上的方法集有关，用于获取对应的方法。

下面通过几个例子讲解如何使用它们。

16.3.2 获取原始类型

在上面的例子中，我通过 reflect.ValueOf 函数把任意类型的对象转为一个 reflect.Value，而如果想逆向转回来也可以，reflect.Value 为我们提供了 Interface 方法，如下面的代码所示：

```
ch16/main.go
func main() {
    i:=3
    //int to reflect.Value
    iv:=reflect.ValueOf(i)
    //reflect.Value to int
    i1:=iv.Interface().(int)
    fmt.Println(i1)
}
```

这是 reflect.Value 和 int 类型互转，换成其他类型也可以。

16.3.3 修改对应的值

已经定义的变量可以通过反射在运行时修改，比如上面的示例 `i=3`，修改为 4，如下所示：

```
ch16/main.go
func main() {
    i:=3
    ipv:=reflect.ValueOf(&i)
    ipv.Elem().SetInt(4)
    fmt.Println(i)
}
```

这样就通过反射修改了一个变量。因为 reflect.ValueOf 函数返回的是一份值的拷贝，所以我们要传入变量的指针才可以。因为传递的是一个指针，所以需要调用 Elem 方法找到这个指针指向的值，这样才能修改。最后我们就可以使用 SetInt 方法修改值了。

要修改一个变量的值，有几个关键点：传递指针（可寻址），通过 Elem 方法获取指向的值，这样才可以保证值可以被修改，reflect.Value 为我们提供了 CanSet 方法来判断是否可以修改该变量。

那么如何修改结构体字段的值呢？参考变量的修改方式，可总结出以下步骤：

1）传递一个结构体的指针，获取对应的 reflect.Value。

2）通过 Elem 方法获取指针指向的值。

3）通过 Field 方法获取要修改的字段。

4）通过 Set 系列方法修改成对应的值。

运行下面的代码，你会发现变量 p 中的 Name 字段已经被修改为“张三”了。

```
ch16/main.go
func main() {
    p:=person{Name: "飞雪无情",Age: 20}
    ppv:=reflect.ValueOf(&p)
    ppv.Elem().Field(0).SetString("张三")
    fmt.Println(p)
}

type person struct {
    Name string
    Age int
}
```

最后再来总结一下通过反射修改一个值的规则。

1）可被寻址，通俗地讲就是要向 reflect.ValueOf 函数传递一个指针作为参数。

2）如果要修改结构体字段值的话，该字段需要是可导出的，而不是私有的，也就是该字段的首字母为大写。

3）记得使用 Elem 方法获得指针指向的值，这样才能调用 Set 系列方法进行修改。

记住以上规则，你就可以在程序运行时通过反射修改一个变量或字段的值。

16.3.4 获取对应的底层类型

底层类型是什么意思呢？其实对应的主要是基础类型，比如接口、结构体、指针等。比如在上面的例子中，变量 p 的实际类型是 person，但是 person 对应的底层类型是 struct 这个结构体类型，而 &p 对应的则是指针类型。我们可以通过下面的代码进行验证：

```
ch16/main.go
func main() {
    p:=person{Name: "飞雪无情",Age: 20}
    ppv:=reflect.ValueOf(&p)
    fmt.Println(ppv.Kind())

    pv:=reflect.ValueOf(p)
    fmt.Println(pv.Kind())
}
```

运行以上代码，可以看到如下打印输出：

```
ptr
struct
```

Kind 方法返回一个 Kind 类型的值，它是一个常量，有以下可供使用的值：

```
type Kind uint
```

```
const (
    Invalid Kind = iota
    Bool
    Int
    Int8
    Int16
    Int32
    Int64
    Uint
    Uint8
    Uint16
    Uint32
    Uint64
    Uintptr
    Float32
    Float64
    Complex64
    Complex128
    Array
    Chan
    Func
    Interface
    Map
    Ptr
    Slice
    String
    Struct
    UnsafePointer
)
```

从以上源代码定义的 Kind 常量列表可以看到，它已经包含了 Go 语言的所有底层类型。

16.4 reflect.Type

reflect.Value 可以用于与值有关的操作，而如果是与变量类型本身有关的操作，比如要获取结构体对应的字段名称或方法，则最好使用 reflect.Type。

要使用反射获取一个变量的 reflect.Type，可以通过函数 reflect.TypeOf 来实现。

16.4.1 接口定义

与 reflect.Value 不同，reflect.Type 是一个接口，而不是一个结构体，所以也只能使用它的方法。

以下是我列出来的 reflect.Type 接口常用的方法。从这个列表来看，大部分都与 reflect.Value 的方法功能相同。

```
type Type interface {

    Implements(u Type) bool
    AssignableTo(u Type) bool
    ConvertibleTo(u Type) bool
    Comparable() bool

    // 以下这些方法与 Value 结构体的功能相同
    Kind() Kind

    Method(int) Method
    MethodByName(string) (Method, bool)
    NumMethod() int

    Elem() Type
    Field(i int) StructField
    FieldByIndex(index []int) StructField
    FieldByName(name string) (StructField, bool)
    FieldByNameFunc(match func(string) bool) (StructField, bool)
    NumField() int
}
```

其中几个特有的方法如下：

1）Implements 方法用于判断是否实现了接口 u。

2）AssignableTo 方法用于判断是否可以赋值给类型 u，其实就是是否可以使用“=”，即赋值运算符。

3）ConvertibleTo 方法用于判断是否可以转换成类型 u，其实就是是否可以进行类型转换。

4）Comparable 方法用于判断该类型是否是可比较的，其实就是是否可以使用关系运算符进行比较。

我同样会通过一些示例来讲解 reflect.Type 的使用。

16.4.2　遍历结构体的字段和方法

我还是采用上面示例中的 person 结构体进行演示，不过需要修改一下，为它增加一个方法 String，如下所示：

```
func (p person) String() string{
    return fmt.Sprintf("Name is %s,Age is %d",p.Name,p.Age)
}
```

新增一个 String 方法，返回对应的字符串信息，这样 person 这个结构体也实现了 fmt.Stringer 接口。

你可以通过 NumField 方法获取结构体字段的数量，然后使用 for 循环，通过 Field 方法就可以遍历结构体的字段，并打印出字段名称。同理，遍历结构体的方法也是同样的思路，代码也类似，如下所示：

```
ch16/main.go
func main() {
    p:=person{Name: "飞雪无情",Age: 20}
    pt:=reflect.TypeOf(p)
    //遍历person的字段
    for i:=0;i<pt.NumField();i++{
        fmt.Println("字段: ",pt.Field(i).Name)
    }
    //遍历person的方法
    for i:=0;i<pt.NumMethod();i++{
        fmt.Println("方法: ",pt.Method(i).Name)
    }
}
```

运行这个代码，可以看到如下结果：

```
字段: Name
字段: Age
方法: String
```

这正好同我在结构体 person 中定义的一致，说明遍历成功。

小技巧　你可以通过 FieldByName 方法获取指定的字段，也可以通过 MethodByName 方法获取指定的方法，这在需要获取某个特定的字段或者方法而不是遍历时非常高效。

16.4.3 是否实现某接口

通过 reflect.Type 还可以判断是否实现了某接口。我还是以 person 结构体为例，判断它是否实现了接口 fmt.Stringer 和 io.Writer，如下面的代码所示：

```
func main() {
    p:=person{Name: "飞雪无情",Age: 20}

    pt:=reflect.TypeOf(p)

    stringerType:=reflect.TypeOf((*fmt.Stringer)(nil)).Elem()
    writerType:=reflect.TypeOf((*io.Writer)(nil)).Elem()
    fmt.Println("是否实现了fmt.Stringer: ",pt.Implements(stringerType))
    fmt.Println("是否实现了io.Writer: ",pt.Implements(writerType))
}
```

提示　尽可能通过类型断言的方式判断是否实现了某接口，而不是通过反射。

这个示例通过 Implements 方法来判断是否实现了 fmt.Stringer 和 io.Writer 接口，运行它，你可以看到如下结果：

```
是否实现了 fmt.Stringer: true
是否实现了 io.Writer: false
```

因为结构体 person 只实现了 fmt.Stringer 接口，没有实现 io.Writer 接口，所以与验证的结果一致。

16.5 字符串和结构体的互转

在字符串和结构体互转的场景中，使用最多的就是 JSON 和 struct 互转。在这个小节中，我会讲解 struct tag 这一功能的使用。

16.5.1 JSON 和 struct 互转

Go 语言的标准库有一个 json 包，通过它可以把 JSON 字符串转为一个结构体，也可以把一个结构体转为一个 JSON 字符串。下面还是以 person 这个结构体为例，讲解 JSON 和 struct 的相互转换。如下面的代码所示：

```
func main() {

    p:=person{Name: "飞雪无情",Age: 20}
    //struct to json
    jsonB,err:=json.Marshal(p)
    if err==nil {
        fmt.Println(string(jsonB))
    }
    //json to struct
    respJSON:="{\"Name\":\"李四\",\"Age\":40}"
    json.Unmarshal([]byte(respJSON),&p)
    fmt.Println(p)
}
```

这个示例是我使用 Go 语言提供的 json 标准包做的演示。通过 json.Marshal 函数，你可以把一个 struct 转为 JSON 字符串。通过 json.Unmarshal 函数，你可以把一个 JSON 字符串转为 struct。

运行以上代码，你会看到如下结果输出：

```
{"Name":"飞雪无情","Age":20}
Name is 李四,Age is 40
```

仔细观察以上打印出的 JSON 字符串，你会发现 JSON 字符串的 Key 和结构体的字段名称一样，比如示例中的 Name 和 Age。那么是否可以改变它们呢？比如改成小写的 name 和 age，并且字段的名称还是大写的 Name 和 Age。当然可以，要达到这个目的就需要用到

struct tag 功能了。

16.5.2 struct tag 功能

顾名思义，struct tag 是一个添加在 struct 字段上的标记，使用它进行辅助，可以完成一些额外的操作，比如 JSON 和 struct 的互转。在上面的示例中，如果想把输出的 JSON 字符串的 Key 改为小写的 name 和 age，可以通过为 struct 字段添加 tag 的方式来实现，示例代码如下：

```
type person struct {
    Name string `json:"name"`
    Age int `json:"age"`
}
```

为 struct 字段添加 tag 的方法很简单，只需要在字段后面通过反引号把一个键值对包住即可，比如以上示例中的 `` `json:"name"` ``。其中冒号前的 json 是一个 Key，可以通过这个 Key 获取冒号后对应的 name。

> 提示 json 作为 Key，是 Go 语言自带的 json 包解析 JSON 的一种约定，它会通过 json 这个 Key 找到对应的值。

我们已经通过 struct tag 指定了可以使用 name 和 age 作为 json 的 Key，于是代码可以修改成如下所示：

```
respJSON:="{\"name\":\"李四\",\"age\":40}"
```

没错，JSON 字符串也可以使用小写的 name 和 age 了。现在再运行这段代码，你会看到如下结果：

```
{"name":"飞雪无情","age":20}
Name is 李四,Age is 40
```

输出的 JSON 字符串的 Key 是小写的 name 和 age，反过来，小写的 name 和 age 组成的 JSON 字符串也可以转为 person 结构体。

相信你已经发现，struct tag 是整个 JSON 和 struct 互转的关键，这个 tag 就像是我们为 struct 字段起的别名，那么 json 包是如何获得这个 tag 的呢？这就需要反射了。我们来看下面的代码：

```
//遍历person字段中Key为json的tag
for i:=0;i<pt.NumField();i++{
    sf:=pt.Field(i)
    fmt.Printf("字段%s上,json tag为%s\n",sf.Name,sf.Tag.Get("json"))
}
```

要想获得字段上的 tag，就要先反射获得对应的字段，我们可以通过 Field 方法做到。该方法返回一个 StructField 结构体，它有一个字段是 Tag，存有字段的所有 tag。示例中要获得 Key 为 json 的 tag，只需要调用 sf.Tag.Get("json") 即可。

结构体的字段可以有多个 tag，用于不同的场景，比如 json 转换、bson 转换、orm 解析等。如果有多个 tag，要使用空格分隔。采用不同的 Key 可以获得不同的 tag，如下面的代码所示：

```
//遍历 person 字段中 Key 为 json、bson 的 tag
for i:=0;i<pt.NumField();i++{
    sf:=pt.Field(i)
    fmt.Printf("字段 %s 上,json tag 为 %s\n",sf.Name,sf.Tag.Get("json"))
    fmt.Printf("字段 %s 上,bson tag 为 %s\n",sf.Name,sf.Tag.Get("bson"))
}

type person struct {
    Name string `json:"name" bson:"b_name"`
    Age int `json:"age" bson:"b_name"`
}
```

运行代码，你可以看到如下结果：

```
字段 Name 上,key 为 json 的 tag 为 name
字段 Name 上,key 为 bson 的 tag 为 b_name
字段 Age 上,key 为 json 的 tag 为 age
字段 Age 上,key 为 bson 的 tag 为 b_name
```

可以看到，通过不同的 Key，使用 Get 方法可以获得自定义的不同的 tag。

16.5.3　struct 转 JSON 的示例

相信你已经理解了什么是 struct tag，下面我再通过一个 struct 转 JSON 的例子演示它的使用：

```
func main() {

    p:=person{Name: "飞雪无情",Age: 20}
    pv:=reflect.ValueOf(p)
    pt:=reflect.TypeOf(p)

    //自己实现的 struct to json
    jsonBuilder:=strings.Builder{}
    jsonBuilder.WriteString("{")
    num:=pt.NumField()
    for i:=0;i<num;i++{
        jsonTag:=pt.Field(i).Tag.Get("json") //获取 json tag
        jsonBuilder.WriteString("\""+jsonTag+"\"")
        jsonBuilder.WriteString(":")
```

```
        //获取字段的值
        jsonBuilder.WriteString(fmt.Sprintf("\"%v\"",pv.Field(i)))
        if i<num-1{
            jsonBuilder.WriteString(",")
        }
    }
    jsonBuilder.WriteString("}")
    fmt.Println(jsonBuilder.String())//打印 JSON 字符串
}
```

这是一个比较简单的 struct 转 JSON 示例，但是已经可以很好地演示 struct 的使用了。在上述示例中，自定义的 jsonBuilder 负责 JSON 字符串的拼接，通过 for 循环把每一个字段拼接成 JSON 字符串。运行以上代码，你可以看到如下打印结果：

```
{"name":"飞雪无情","age":"20"}
```

JSON 字符串的转换只是 struct tag 的一个应用场景，你完全可以把 struct tag 当成结构体中字段的元数据配置，使用它来做你想做的任何事情，比如 orm 映射、xml 转换、生成 swagger 文档等。

16.6 反射定律

反射是计算机语言中程序检视其自身结构的一种方法，它属于元编程的一种形式。反射灵活、强大，但也存在不安全因素。它可以绕过编译器的很多静态检查，如果过多使用便会造成混乱。为了帮助开发者更好地理解反射，Go 语言的作者在博客上总结了反射的三大定律。

1）任何接口值 interface{} 都可以反射出反射对象，也就是 reflect.Value 和 reflect.Type 通过函数 reflect.ValueOf 和 reflect.TypeOf 获得。

2）反射对象也可以还原为 interface{} 变量，也就是第 1 条定律的可逆性，通过 reflect.Value 结构体的 Interface 方法获得。

3）要修改反射的对象，该值必须可设置，也就是可寻址，可以参考上一章中修改变量的值那一节的内容来理解。

> 提示 任何类型的变量都可以转换为空接口 intferface{}，所以第 1 条定律中函数 reflect.ValueOf 和 reflect.TypeOf 的参数就是 interface{}，表示可以把任何类型的变量转换为反射对象。在第 2 条定律中，reflect.Value 结构体的 Interface 方法返回的值也是 interface{}，表示可以把反射对象还原为对应的类型变量。

一旦你理解了这三大定律，就可以更好地理解和使用 Go 语言反射。

16.7　小结

在反射中，reflect.Value 对应的是变量的值，如果你需要进行与变量的值有关的操作，应该优先使用 reflect.Value，比如获取变量的值、修改变量的值等。reflect.Type 对应的是变量的类型，如果你需要进行与变量的类型本身有关的操作，应该优先使用 reflect.Type，比如获取结构体内的字段、类型拥有的方法集等。

此外我要再次强调：反射虽然很强大，可以简化编程、减少重复代码，但是过度使用会让你的代码变得复杂混乱。所以除非非常必要，否则尽可能少地使用它们。

这一章的作业：自己编写代码来使用反射调用结构体的方法。

下一章将介绍非类型安全。

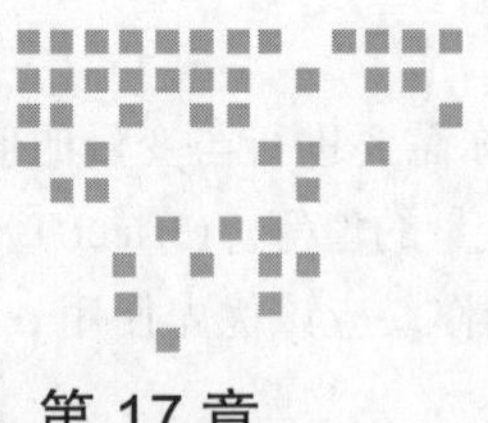

Chapter 17 第17章

非类型安全：不安全但高效的unsafe

在上一章我留了一个小作业，让你练习一下如何使用反射调用一个方法，下面我来进行讲解。

还是以person这个结构体类型为例。我为它增加一个方法Print，功能是打印一段文本，示例代码如下：

```
func (p person) Print(prefix string){
    fmt.Printf("%s:Name is %s,Age is %d\n",prefix,p.Name,p.Age)
}
```

然后就可以通过反射调用Print方法了，示例代码如下：

```
func main() {
    p:=person{Name: "飞雪无情",Age: 20}
    pv:=reflect.ValueOf(p)

    //反射调用person的Print方法
    mPrint:=pv.MethodByName("Print")
    args:=[]reflect.Value{reflect.ValueOf("登录")}
    mPrint.Call(args)
}
```

从示例中可以看到，要想通过反射调用一个方法，首先要通过MethodByName方法找到相应的方法。因为Print方法需要参数，所以需要声明参数，它的类型是[]reflect.Value，也就是示例中的args变量，最后就可以通过Call方法反射调用Print方法了。其中记得要把args作为参数传递给Call方法。

运行以上代码，可以看到如下结果：

```
登录:Name is 飞雪无情,Age is 20
```

从打印的结果可以看到，与我们直接调用 Print 方法是一样的结果，这也证明了通过反射调用 Print 方法是可行的。

下面我们继续深入 Go 的世界，这一章介绍 Go 语言自带的 unsafe 包的高级用法。

顾名思义，unsafe 是不安全的。Go 将其定义为这个包名，也是为了让我们尽可能不使用它。不过，虽然它不安全，但它也有优势，那就是可以绕过 Go 的内存安全机制，直接对内存进行读写。所以有时候出于性能需要，还是会冒险使用它来对内存进行操作。

17.1　指针类型转换

Go 的设计者为了编写方便、提高效率且降低复杂度，将其设计成一门强类型的静态语言。强类型意味着一旦定义了，类型就不能改变；静态意味着在运行前就做了类型检查。同时出于安全考虑，Go 语言是不允许两个指针类型进行转换的。

我们一般使用 *T 作为一个指针类型，表示一个指向类型 T 变量的指针。基于安全考虑，两个不同的指针类型不能相互转换，比如 *int 不能转为 *float64。

我们来看下面的代码：

```
func main() {
    i:=10
    ip:=&i

    var fp *float64 = (*float64)(ip)
    fmt.Println(fp)
}
```

这个代码在编译的时候，会提示 `cannot convert ip (type *int) to type *float64`，也就是不能进行强制转型。那如果还是需要转换呢？这就需要使用 unsafe 包里的 Pointer 了。下面先为你介绍 unsafe.Pointer 是什么，然后再介绍如何转换。

17.2　unsafe.Pointer

unsafe.Pointer 是一种特殊意义的指针，可以表示任意类型的地址，类似 C 语言里的 void* 指针，是全能型的。

正常情况下，*int 无法转换为 *float64，但是通过 unsafe.Pointer 做中转就可以了。在下面的示例中，我通过 unsafe.Pointer 把 *int 转换为 *float64，并且对新的 *float64 进行 3 倍的乘法操作，你会发现原来变量 i 的值也被改变了，变为 30。

```
ch17/main.go
func main() {
    i:= 10
    ip:=&i

    var fp *float64 = (*float64)(unsafe.Pointer(ip))
    *fp = *fp * 3
    fmt.Println(i)
}
```

这个例子没有任何实际意义，但是说明了通过 unsafe.Pointer 这个万能的指针，我们可以在 *T 之间做任何转换。那么 unsafe.Pointer 到底是什么？为什么其他类型的指针可以转换为 unsafe.Pointer 呢？这就要看 unsafe.Pointer 的源代码定义了，如下所示：

```
//ArbitraryType is here for the purposes of documentation
//only and is not actually part of the unsafe package.
//It represents the type of an arbitrary Go expression.
type ArbitraryType int
type Pointer *ArbitraryType
```

按 Go 语言官方的注释，ArbitraryType 可以表示任何类型（这里的 ArbitraryType 仅仅是 Go 标准库文档展示需要，不用太关注它本身，只要记住它可以表示任何类型即可）。而 unsafe.Pointer 又是 *ArbitraryType，也就是说 unsafe.Pointer 是任何类型的指针，也就是一个通用型的指针，足以表示任何内存地址。

17.3 uintptr 指针类型

uintptr 也是一种指针类型，它足够大，可以表示任何指针。它的类型定义如下所示：

```
//uintptr is an integer type that is large enough
//to hold the bit pattern of any pointer.
type uintptr uintptr
```

既然已经有了 unsafe.Pointer，为什么还要设计 uintptr 类型呢？这是因为 unsafe.Pointer 不能进行运算，比如不支持 +（加号）运算符操作，但是 uintptr 可以。通过它，可以对指针偏移进行计算，这样就可以访问特定的内存，达到对特定内存读写的目的，这是真正内存级别的操作。

在下面的代码中，我以通过指针偏移修改结构体内的字段为例，演示 uintptr 的用法。

```
func main() {
    p :=new(person)
    //Name 是 person 的第一个字段不用偏移，即可通过指针修改
    pName:=(*string)(unsafe.Pointer(p))
    *pName="飞雪无情"
    //Age 并不是 person 的第一个字段，所以需要进行偏移，这样才能正确定位到 Age 字段这块内存，
     才可以正确地修改
```

```
    pAge:=(*int)(unsafe.Pointer(uintptr(unsafe.Pointer(p))+unsafe.Offsetof(p.Age)))
    *pAge = 20

    fmt.Println(*p)
}

type person struct {
    Name string
    Age int
}
```

这个示例不是通过直接访问相应字段的方式对 person 结构体字段赋值，而是通过指针偏移找到相应的内存，然后对内存操作进行赋值。

下面详细介绍操作步骤。

1）先使用 new 函数声明一个 *person 类型的指针变量 p。

2）然后把 *person 类型的指针变量 p 通过 unsafe.Pointer 转换为 *string 类型的指针变量 pName。

3）因为 person 这个结构体的第一个字段就是 string 类型的 Name，所以 pName 这个指针就指向 Name 字段（偏移为 0），对 pName 进行修改其实就是修改字段 Name 的值。

4）因为 Age 字段不是 person 的第一个字段，所以要修改它必须进行指针偏移运算。先要把指针变量 p 通过 unsafe.Pointer 转换为 uintptr，这样才能进行地址运算。既然要进行指针偏移，那么要偏移多少呢？这个偏移量可以通过函数 unsafe.Offsetof 计算出来，该函数返回的是一个 uintptr 类型的偏移量，有了这个偏移量就可以通过“+”运算符获得正确的 Age 字段的内存地址了，也就是通过 unsafe.Pointer 转换后的 *int 类型的指针变量 pAge。

5）然后需要注意的是示例中的（*int）强类型转换，转换后才能对这块内存进行赋值操作。

6）有了指向字段 Age 的指针变量 pAge，就可以对其进行赋值操作，修改字段 Age 的值了。

运行以上示例，你可以看到如下结果：

```
{飞雪无情 20}
```

这个示例主要是为了讲解 uintptr 指针运算，所以一个结构体字段的赋值才会写得这么复杂，如果按照正常的编码，以上示例代码会与下面的代码结果一样。

```
func main() {
    p :=new(person)
    p.Name = "飞雪无情"
    p.Age = 20
    fmt.Println(*p)
}
```

指针运算的核心在于它操作的是一个个内存地址，通过内存地址的增减，就可以指向一块块不同的内存并对其进行操作，而且不必知道这块内存被起了什么名字（变量名）。

17.4 指针转换规则

你已经知道 Go 语言中存在三种类型的指针，它们分别是常用的 *T、unsafe.Pointer 及 uintptr。通过以上示例讲解，可以总结出这三者的转换规则（见图 17-1）。

1）任何类型的 *T 都可以转换为 unsafe.Pointer。

2）unsafe.Pointer 也可以转换为任何类型的 *T。

3）unsafe.Pointer 可以转换为 uintptr。

4）uintptr 也可以转换为 unsafe.Pointer。

图 17-1 指针转换示意图

可以发现，unsafe.Pointer 主要用于指针类型的转换，而且是各个指针类型转换的桥梁。uintptr 主要用于指针运算，尤其是通过偏移量定位不同的内存。

17.5 unsafe.Sizeof

Sizeof 函数可以返回一个类型所占用的内存大小，这个大小只与类型有关，与类型对应的变量存储的内容大小无关，比如 bool 型占用一字节、int8 也占用一字节。

通过 Sizeof 函数你可以查看任何类型（比如字符串、切片、整型）占用的内存大小，示例代码如下：

```
fmt.Println(unsafe.Sizeof(true))
fmt.Println(unsafe.Sizeof(int8(0)))
fmt.Println(unsafe.Sizeof(int16(10)))
fmt.Println(unsafe.Sizeof(int32(10000000)))
fmt.Println(unsafe.Sizeof(int64(10000000000000)))
fmt.Println(unsafe.Sizeof(int(10000000000000000)))
fmt.Println(unsafe.Sizeof(string("飞雪无情")))
fmt.Println(unsafe.Sizeof([]string{"飞雪u无情","张三"}))
```

对于整型来说，占用的字节数意味着这个类型存储数字范围的大小，比如 int8 占用一字节，也就是 8 位，所以它可以存储的大小范围是 −128 ～ 127，也就是 $-2^{(n-1)}$ 到 $2^{(n-1)}-1$。其中 n 表示位数，int8 表示 8 位，int16 表示 16 位，以此类推。

对于与平台有关的 int 类型，要看平台是 32 位还是 64 位，会取最大的。比如我自己测试以上输出，会发现 int 和 int64 的大小是一样的，因为我用的是 64 位平台的计算机。

提示 一个结构体的内存占用大小，等于它包含的字段类型内存占用大小之和。

17.6　小结

unsafe 包里最常用的是 Pointer 指针，通过它可以让你在 *T、uintptr 及 Pointer 三者间转换，从而实现自己的需求，比如零内存拷贝或通过 uintptr 进行指针运算，这些都可以提高程序效率。

unsafe 包里的功能虽然不安全，但的确在某些情况下很有用，比如指针运算、类型转换等，都可以帮助我们提高性能。不过我还是建议尽可能地不使用，因为它可以绕开 Go 语言编译器的检查，可能会因为你的操作失误而出现问题。当然如果是需要提高性能的必要操作，还是可以使用的，比如 []byte 转 string，就可以通过 unsafe.Pointer 实现零内存拷贝，下一章会详细讲解。

unsafe 包还有一个函数在这章没有讲，它是 Alignof，功能就是函数名字的字面意思，比较简单，你可以自己练习使用一下，这也是本章的思考题。

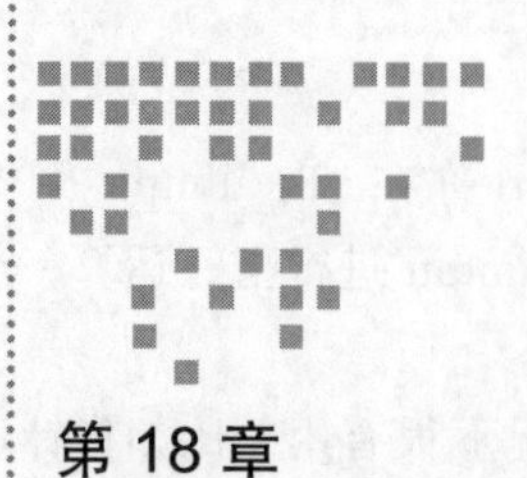

Chapter 18 第 18 章

零拷贝：slice 为何如此高效

在第 4 章中，你已经学习了 slice（切片），并且知道如何使用它。这一章会详细介绍 slice 的原理，并带你学习它的底层设计。

18.1 数组

在讲 slice 的原理之前，我先来介绍一下数组。几乎所有的编程语言里都存在数组，Go 也不例外。那么为什么 Go 语言除了数组之外又设计了 slice 呢？要想解答这个问题，我们先来了解数组的局限性。

在下面的示例中，a1、a2 是两个定义好的数组，但是它们的类型不一样。变量 a1 的类型是 [1]string，变量 a2 的类型是 [2]string，也就是说数组的大小属于数组类型的一部分，只有数组内部元素类型和大小一致时，这两个数组才是同一类型。

```
a1:=[1]string{"飞雪无情"}
a2:=[2]string{"飞雪无情"}
```

可以总结为，一个数组由两部分构成：数组的大小和数组内的元素类型。

```
//数组结构伪代码表示
array{
    len
    item type
}
```

比如变量 a1 的大小是 1，内部元素的类型是 string，也就是说 a1 最多只能存储 1 个类型为 string 的元素。而 a2 的大小是 2，内部元素的类型也是 string，所以 a2 最多可以存储 2 个类型为 string 的元素。一旦一个数组被声明，它的大小和内部元素的类型就不能改变，你不能随意地向数组添加任意多个元素。这是数组的第一个限制。

既然数组的大小是固定的，如果需要使用数组存储大量的数据，就需要提前指定一个合适的大小，比如 100000，代码如下所示：

```
a10:=[100000]string{"飞雪无情"}
```

这样虽然可以解决问题，但又带来了另外的问题，那就是内存占用。因为在 Go 语言中，函数间的传参是值传递的，数组作为参数在各个函数之间被传递的时候，同样的内容就会被一遍遍地复制，这就会造成大量的内存浪费，这是数组的第二个限制。

虽然数组有限制，但是它是 Go 非常重要的底层数据结构，比如 slice（切片）的底层数据就存储在数组中。

18.2　slice

你已经知道，数组虽然也不错，但是在操作上有不少限制，为了解决这些限制，Go 语言创造了 slice，也就是切片。切片是对数组的抽象和封装，它的底层是一个数组，存储所有的元素，但是它可以动态地添加元素，容量不足时还可以自动扩容，你完全可以把切片理解为动态数组。在 Go 语言中，除了长度固定的类型需要使用数组外，大多数情况下都是使用切片。

18.2.1　动态扩容

通过内置的 append 方法，你可以向一个切片中追加任意多个元素，这就可以解决数组的第一个限制。

在下面的示例中，我通过内置的 append 函数为切片 ss 添加了两个字符串，然后返回一个新的切片赋值给 ss。

```
func main() {
    ss:=[]string{"飞雪无情","张三"}
    ss=append(ss,"李四","王五")
    fmt.Println(ss)
}
```

现在运行这段代码，会看到如下打印结果：

```
[飞雪无情 张三 李四 王五]
```

当通过 append 追加元素时，如果切片的容量不够，append 函数会自动扩容。比如上面的例子，我打印出使用 append 前后的切片长度和容量，代码如下：

```
func main() {
    ss:=[]string{"飞雪无情","张三"}
    fmt.Println("切片ss长度为",len(ss),",容量为",cap(ss))
    ss=append(ss,"李四","王五")
    fmt.Println("切片ss长度为",len(ss),",容量为",cap(ss))
    fmt.Println(ss)
}
```

其中，我通过内置的len函数获取切片的长度，通过cap函数获取切片的容量。运行这段代码，可以看到打印结果如下：

```
切片ss长度为 2 ,容量为 2
切片ss长度为 4 ,容量为 4
[飞雪无情 张三 李四 王五]
```

在调用append之前，容量是2，调用之后容量是4，说明自动扩容了。

提示 append自动扩容的原理是新创建一个底层数组，把原来切片内的元素拷贝到新数组中，然后再返回一个指向新数组的切片。

18.2.2 数据结构

在Go语言中，切片其实是一个结构体，它的定义如下所示：

```
type SliceHeader struct {
    Data uintptr
    Len  int
    Cap  int
}
```

SliceHeader是切片在运行时的表现形式，它有三个字段Data、Len和Cap。

1）Data用来指向存储切片元素的数组。

2）Len代表切片的长度。

3）Cap代表切片的容量。

通过这三个字段，就可以把一个数组抽象成一个切片，以便更好地操作，所以不同切片对应的底层Data指向的可能是同一个数组。现在通过一个示例来证明，代码如下：

```
func main() {
    a1:=[2]string{"飞雪无情","张三"}

    s1:=a1[0:1]
    s2:=a1[:]
    //打印出s1和s2的Data值，是一样的
    fmt.Println((*reflect.SliceHeader)(unsafe.Pointer(&s1)).Data)
    fmt.Println((*reflect.SliceHeader)(unsafe.Pointer(&s2)).Data)
}
```

用上一章学习的 unsafe.Pointer 把它们转换为 *reflect.SliceHeader 指针，就可以打印出 Data 的值，打印结果如下所示：

```
824634150744
824634150744
```

你会发现它们是一样的，也就是这两个切片共用一个数组，所以我们在给切片赋值、重新进行切片操作时，使用的还是同一个数组，没有复制原来的元素。这样可以减少内存的占用，提高效率。

注意　多个切片共用一个底层数组虽然可以减少内存占用，但是如果有一个切片修改内部的元素，其他切片也会受影响。所以在切片作为参数在函数间传递的时候要小心，尽可能不要修改原切片内的元素。

切片的本质是 SliceHeader，又因为函数的参数是值传递，所以传递的是 SliceHeader 的副本，而不是底层数组的副本。这时候切片的优势就体现出来了，因为 SliceHeader 的副本内存占用非常少，即使是一个非常大的切片（底层数组有很多元素），也顶多占用 24 字节的内存，这就解决了大数组在传参时内存浪费的问题。

提示　SliceHeader 的三个字段的类型分别是 uintptr、int 和 int，在 64 位的机器上，这三个字段最多也就是 int64 类型，一个 int64 占 8 字节，三个 int64 占 24 字节内存。

要获取切片数据结构的三个字段的值，也可以不使用 SliceHeader，而是完全自定义一个结构体，只要字段和 SliceHeader 一样就可以了。

比如在下面的示例中，通过 unsafe.Pointer 转换成自定义的 *slice 指针，同样可以获取三个字段对应的值，你甚至可以把字段的名称改为 d、l 和 c，也可以达到目的。

```
sh1:=(*slice)(unsafe.Pointer(&s1))
fmt.Println(sh1.Data,sh1.Len,sh1.Cap)
type slice struct {
    Data uintptr
    Len  int
    Cap  int
}
```

提示　我们还是尽可能地用 SliceHeader，因为这是 Go 语言提供的标准，可以保持统一，便于理解。

18.2.3 高效的原因

如果从集合类型的角度考虑，数组、切片和 map 都是集合类型，因为它们都可以存放元素，但是数组和切片的取值和赋值操作要更高效，因为它们是连续的内存操作，通过索引就可以快速地找到元素存储的地址。

当然 map 的价值也非常大，因为它的 Key 可以是很多类型，比如 int、int64、string 等，但是数组和切片的索引只能是整数。

进一步对比，在数组和切片中，切片又更高效，因为它在赋值、函数传参的时候，并不会把所有的元素都复制一遍，而只是复制 SliceHeader 的三个字段就可以了，共用的还是同一个底层数组。

在下面的示例中，我定义了两个函数 arrayF 和 sliceF，分别打印传入的数组和切片底层对应的数组指针。

```
func main() {
    a1:=[2]string{"飞雪无情","张三"}
    fmt.Printf("函数main数组指针：%p\n",&a1)
    arrayF(a1)

    s1:=a1[0:1]
    fmt.Println((*reflect.SliceHeader)(unsafe.Pointer(&s1)).Data)
    sliceF(s1)
}

func arrayF(a [2]string){
    fmt.Printf("函数arrayF数组指针：%p\n",&a)
}

func sliceF(s []string){
    fmt.Printf("函数sliceF Data：%d\n",(*reflect.SliceHeader)(unsafe.Pointer(&s)).Data)
}
```

然后我在 main 函数里调用它们，运行程序会打印如下结果：

```
函数main数组指针：0xc0000a6020
函数arrayF数组指针：0xc0000a6040
824634400800
函数sliceF Data：824634400800
```

你会发现，同一个数组在 main 函数中的指针和在 arrayF 函数中的指针是不一样的，这说明数组在传参的时候被复制了，又产生了一个新数组。而 slice（切片）的底层 Data 是一样的，这说明不管是在 main 函数还是 sliceF 函数中，这两个切片共用的还是同一个底层数组，底层数组并没有被复制。

提示　切片的高效还体现在 for range 循环中，因为循环得到的临时变量也是个值拷贝，所以在遍历大的数组时，切片的效率更高。

切片基于指针的封装是它效率高的根本原因，因为可以减少内存的占用，以及减少内存复制时的时间消耗。

18.2.4　string 和 []byte 互转

下面我通过 string 和 []byte 相互强制转换的例子，进一步帮你理解 slice 高效的原因。

比如我把一个 []byte 转为一个 string 字符串，然后再转换回来，示例代码如下：

```
s:="飞雪无情"
b:=[]byte(s)
s3:=string(b)
fmt.Println(s,string(b),s3)
```

在这个示例中，变量 s 是一个 string 字符串，它可以通过 []byte(s) 被强制转换为 []byte 类型的变量 b，又可以通过 string(b) 强制转换为 string 类型的变量 s3。打印它们三个变量的值，都是“飞雪无情”。

Go 语言通过先分配一个内存再复制内容的方式，实现 string 和 []byte 之间的强制转换。现在我通过打印 string 和 []byte 指向的真实内容的内存地址，来验证强制转换是采用重新分配内存的方式。如下面的代码所示：

```
s:="飞雪无情"
fmt.Printf("s 的内存地址：%d\n", (*reflect.StringHeader)(unsafe.Pointer(&s)).Data)
b:=[]byte(s)
fmt.Printf("b 的内存地址：%d\n",(*reflect.SliceHeader)(unsafe.Pointer(&b)).Data)
s3:=string(b)
fmt.Printf("s3 的内存地址：%d\n", (*reflect.StringHeader)(unsafe.Pointer(&s3)).Data)
```

运行它们，你会发现打印出的内存地址都不一样，这说明虽然内容相同，但已经不是同一个字符串了，因为内存地址不同。

提示　你可以通过查看 runtime.stringtoslicebyte 和 runtime.slicebytetostring 这两个函数的源代码，了解关于 string 和 []byte 类型互转的具体实现。

通过以上示例代码，你已经知道了 SliceHeader 是什么。其实 StringHeader 和 SliceHeader 一样，代表的是字符串在程序运行时的真实结构，StringHeader 的定义如下所示：

```
// StringHeader is the runtime representation of a string.
type StringHeader struct {
    Data uintptr
    Len  int
}
```

也就是说，在程序运行的时候，字符串和切片本质上就是 StringHeader 和 SliceHeader。这两个结构体都有一个 Data 字段，用于存放指向真实内容的指针。所以我们打印出 Data 这个字段的值，就可以判断 string 和 []byte 强制转换后是不是重新分配了内存。

现在你已经知道了 []byte(s) 和 string(b) 这种强制转换会重新拷贝一份字符串，如果字符串非常大，由于内存开销大，对于有高性能要求的程序来说，这种方式就无法满足了，需要进行性能优化。

如何优化呢？既然是因为内存分配导致内存开销大，那么优化的思路应该是在不重新申请内存的情况下实现类型转换。

仔细观察 StringHeader 和 SliceHeader 这两个结构体，会发现它们的前两个字段一模一样，那么 []byte 转 string，就等于通过 unsafe.Pointer 把 *SliceHeader 转为 *StringHeader，也就是 *[]byte 转 *string，原理和我上面讲的把切片转换成一个自定义的 slice 结构体类似。

在下面的示例中，s4 和 s3 的内容是一样的。不一样的是 s4 没有申请新内存（零拷贝），它和变量 b 使用的是同一块内存，因为它们的底层 Data 字段值相同，这样就节约了内存，也达到了 []byte 转 string 的目的。

```
s:="飞雪无情"
b:=[]byte(s)
//s3:=string(b)
s4:=*(*string)(unsafe.Pointer(&b))
```

SliceHeader 有 Data、Len、Cap 三个字段，StringHeader 有 Data、Len 两个字段，所以 *SliceHeader 通过 unsafe.Pointer 转为 *StringHeader 的时候没有问题，因为 *SliceHeader 可以提供 *StringHeader 所需的 Data 和 Len 字段的值。但是反过来却不行了，因为 *StringHeader 缺少 *SliceHeader 所需的 Cap 字段，需要我们自己补上一个默认值。

在下面的示例中，b1 和 b 的内容是一样的，不一样的是 b1 没有申请新内存，而是和变量 s 使用同一块内存，因为它们底层的 Data 字段相同，所以也节约了内存。

```
s:="飞雪无情"
//b:=[]byte(s)
sh:=(*reflect.SliceHeader)(unsafe.Pointer(&s))
sh.Cap = sh.Len
b1:=*(*[]byte)(unsafe.Pointer(sh))
```

注意 通过 unsafe.Pointer 把 string 转为 []byte 后，不能对 []byte 进行修改，比如不可以进行 b1[0]=12 这种操作，会报异常，导致程序崩溃。这是因为在 Go 语言中 string 内存是只读的。

通过 unsafe.Pointer 进行类型转换，避免内存拷贝以提升性能的方法在 Go 语言标准库中也有使用，比如 strings.Builder 这个结构体，它内部有 buf 字段存储内容，在通过 String

方法把 []byte 类型的 buf 转为 string 的时候，就使用 unsafe.Pointer 提高了效率，代码如下：

```
//String returns the accumulated string.
func (b *Builder) String() string {
    return *(*string)(unsafe.Pointer(&b.buf))
}
```

string 和 []byte 的互转就是一个很好的利用 SliceHeader 结构体的示例，通过它可以实现零拷贝的类型转换，提升了效率，避免了内存浪费。

18.3　小结

通过对 slice（切片）的分析，相信你可以更深刻地感受到 Go 语言的魅力，它把底层的指针、数组等进行封装，提供一个切片的概念给开发者，这样既可以方便使用、提高开发效率，又可以提高程序的性能。

Go 语言设计切片的思路非常有借鉴意义，你也可以使用 uintptr 或者 slice 类型的字段来提升性能，就像 Go 语言 SliceHeader 里的 Data uintptr 字段一样。

在这一章的最后，给你留一个思考题：你还可以找到哪些通过 unsafe.Pointer、uintptr 提升性能的例子呢？

Chapter 19 第 19 章

实战：字符串如何高效拼接

在上一章中，我讲了 slice 高效的原因，而这一章通过字符串拼接实战，演示如何一步步提升字符串拼接的性能，进一步加深对 Go 语言的理解。

在编程的时候，字符串是必不可少的，数据库中文本的处理、Web 文本的显示、文本数据的存储等都需要用到字符串。对于字符串来说，查找、拼接这些都是常用的操作，尤其是拼接使用得比较多，比如把一个人的姓名和年龄拼接在一起显示。

在 Go 语言中，有很多种字符串的拼接方法，那么哪种方法才是效率最高的呢？因为内存很贵，所以性能很重要，有时候字符串的不慎转换和拷贝，就可以把内存“吃光”。

19.1 一个例子

任何功能、性能、方法的研究都没有例子更有说服力。在这里，我使用一个例子，来演示不同字符串的拼接方式，以及对应的性能分析。这个例子如下：

```
昵称：飞雪无情
博客：http://www.flysnow.org/
微信公众号：flysnow_org
```

在这个例子中，通过字符串拼接的方式，拼接出如上内容。这里特别强调，在这个例子中，换行也是字符串拼接的一部分，因为我要严格拼接出如上内容。

19.2　几种拼接方式

19.2.1　“+”拼接

这种拼接最简单，也最容易被我们使用，因为它是不限编程语言的，Go 语言有，Java 也有，它是在运行时计算的，现在演示这种拼接的代码。

```
func StringPlus() string{
    var s string
    s+=" 昵称 "+":"+" 飞雪无情 "+"\n"
    s+=" 博客 "+":"+"http://www.flysnow.org/"+"\n"
    s+=" 微信公众号 "+":"+"flysnow_org"
    return s
}
```

你可以自己写一个用例测试一下，打印出与例子中一样的内容。

那么这种最常见的字符串拼接方式的性能怎么样呢？测试用例如下：

```
func BenchmarkStringPlus(b *testing.B) {
    for i:=0;i<b.N;i++{
        StringPlus()
    }
}
```

运行 `go test -bench=. -benchmem` 查看性能输出如下：

```
BenchmarkStringPlus-8    20000000     108 ns/op    144 B/op     2 allocs/op
```

每次操作需要 108ns，进行 2 次内存分配，分配 114 字节的内存。

19.2.2　fmt 拼接

fmt 拼接方式借助 fmt.Sprint 系列函数进行拼接，然后返回拼接的字符串。

```
func StringFmt() string{
    return fmt.Sprint(" 昵称 ",":"," 飞雪无情 ","\n"," 博客 ",":","http://www.flysnow.
        org/","\n"," 微信公众号 ",":","flysnow_org")
}
```

也测试一下它的性能，看看效果。

```
func BenchmarkStringFmt(b *testing.B) {
    for i:=0;i<b.N;i++{
        StringFmt()
    }
}
```

运行查看测试结果：

```
BenchmarkStringFmt-8     5000000      385 ns/op   80 B/op      1 allocs/op
```

虽然每次操作内存分配只有 1 次，分配 80 字节也不多，但是每次操作耗时太长，速度远没有“+”拼接操作快。

19.2.3 join 拼接

join 拼接方式是利用 strings.Join 函数进行拼接的，接收一个字符串数组，转换为一个拼接好的字符串。

```
func StringJoin() string{
    s:=[]string{"昵称",":","飞雪无情","\n","博客",":","http://www.flysnow.org/",
        "\n","微信公众号",":","flysnow_org"}
    return strings.Join(s,"")
}

func BenchmarkStringJoin(b *testing.B) {
    for i:=0;i<b.N;i++{
        StringJoin()
    }
}
```

为了方便，把性能测试的代码放在一起了，现在看看性能测试的效果。

```
BenchmarkStringJoin-8    10000000    177 ns/op    160 B/op    2 allocs/op
```

整体性能与“+”拼接操作相差不了太多。

19.2.4 buffer 拼接

buffer 拼接也用得很多，它是使用 bytes.Buffer 进行拼接的，bytes.Buffer 是一个非常灵活的结构体，不仅可以拼接字符串，还可以拼接 byte、rune 等类型，并且实现了 io.Writer 接口，写入也非常方便。

```
func StringBuffer() string {
    var b bytes.Buffer
    b.WriteString("昵称")
    b.WriteString(":")
    b.WriteString("飞雪无情")
    b.WriteString("\n")
    b.WriteString("博客")
    b.WriteString(":")
    b.WriteString("http://www.flysnow.org/")
    b.WriteString("\n")
    b.WriteString("微信公众号")
    b.WriteString(":")
    b.WriteString("flysnow_org")
    return b.String()
}

func BenchmarkStringBuffer(b *testing.B) {
```

```
    for i:=0;i<b.N;i++{
        StringBuffer()
    }
}
```

要看它的性能，运行输出即可：

```
BenchmarkStringBuffer-8      5000000       291 ns/op    336 B/op     3 allocs/op
```

性能并不是太好，与最差的 fmt 拼接差不多，但比“+”拼接、join 拼接差好远，内存分配也比较多，每次操作耗时也很长。

19.2.5　builder 拼接

为了改进 buffer 拼接的性能，从 Go 1.10 版本开始，增加了一个 Builder 类型，用于提升字符串拼接的性能。它的使用与 buffer 拼接几乎一样。

```
func StringBuilder() string {
    var b strings.Builder
    b.WriteString("昵称")
    b.WriteString(":")
    b.WriteString("飞雪无情")
    b.WriteString("\n")
    b.WriteString("博客")
    b.WriteString(":")
    b.WriteString("http://www.flysnow.org/")
    b.WriteString("\n")
    b.WriteString("微信公众号")
    b.WriteString(":")
    b.WriteString("flysnow_org")
    return b.String()
}

func BenchmarkStringBuilder(b *testing.B) {
    for i:=0;i<b.N;i++{
        StringBuilder()
    }
}
```

官方说比 buffer 拼接性能好，下面来看看性能测试的结果：

```
BenchmarkStringBuilder-8     10000000      170 ns/op    232 B/op     4 allocs/op
```

的确性能有所提升，提升了一倍，虽然每次分配的内存次数有点多，但是每次分配的内存大小比 buffer 拼接要少。

19.3　性能对比

以上就是常用的字符串拼接的方式，现在我把这些测试结果，汇总到一起，对比一下。

因为 Benchmark 的测试，对于性能只显示 1s，我把测试的时间设置为 3s，把时间拉长便于对比测试，同时生成了 cpu profile 文件，用于性能分析。

运行 go test -bench=.-benchmem -benchtime=3s -cpuprofile=profile.out 得到如下测试结果：

```
StringPlus-8    50000000    112 ns/op   144 B/op    2 allocs/op
StringFmt-8     20000000    344 ns/op   80 B/op     1 allocs/op
StringJoin-8    30000000    171 ns/op   160 B/op    2 allocs/op
StringBuffer-8  20000000    302 ns/op   336 B/op    3 allocs/op
StringBuilder-8 30000000    171 ns/op   232 B/op    4 allocs/op
```

可以通过 go tool pprof profile.out 看一下输出的 cpu profile 信息。

这里主要使用 top 命令。

```
Showing top 15 nodes out of 89
      flat  flat%   sum%        cum   cum%
    11.99s 42.55% 42.55%     11.99s 42.55%  runtime.kevent
     6.30s 22.36% 64.90%      6.30s 22.36%  runtime.pthread_cond_wait
     1.65s  5.86% 70.76%      1.65s  5.86%  runtime.pthread_cond_signal
     1.11s  3.94% 74.70%      1.11s  3.94%  runtime.usleep
     1.10s  3.90% 78.60%      1.10s  3.90%  runtime.pthread_cond_timedwait_relative_np
     0.58s  2.06% 80.66%      0.62s  2.20%  runtime.wbBufFlush1
     0.51s  1.81% 82.47%      0.51s  1.81%  runtime.memmove
     0.44s  1.56% 84.03%      1.81s  6.42%  fmt.(*pp).printArg
     0.39s  1.38% 85.42%      2.36s  8.37%  fmt.(*pp).doPrint
     0.36s  1.28% 86.69%      0.70s  2.48%  fmt.(*buffer).WriteString (inline)
     0.34s  1.21% 87.90%      0.93s  3.30%  runtime.mallocgc
     0.20s  0.71% 88.61%      1.20s  4.26%  fmt.(*fmt).fmtS
     0.18s  0.64% 89.25%      0.18s  0.64%  fmt.(*fmt).truncate
     0.16s  0.57% 89.82%      0.16s  0.57%  runtime.memclrNoHeapPointers
     0.15s  0.53% 90.35%      1.35s  4.79%  fmt.(*pp).fmtString
```

从前 15 个，可以看到 fmt 拼接方式是最差的，因为 fmt 拼接的很多方法耗时排在了最前面。buffer 拼接的 WriteString 方法也比较耗时。

以上可能还不是太直观，如果你看火焰图的话，就会更清晰。性能最好的是“+”拼接、join 拼接，最慢的是 fmt 拼接，这里的 builder 拼接和 buffer 拼接差不多，并没有发挥出其能力。

从整个性能的测试和分析来看，期待的 builder 拼接性能并没有发挥出来，这是不是意味着 builder 拼接不实用了，还不如“+”拼接和 join 拼接呢？我们来继续分析。

19.4 拼接函数改造

影响字符串拼接性能的两个因素：拼接字符串的数量和拼接字符串的大小。现在我来证明这两种情况。为了演示方便，我把原来的拼接函数修改一下，可以接收一个 []string 类型的参数，这样就可以对切片数组进行字符串拼接。这里直接给出所有拼接方法的改造后实现。

```
func StringPlus(p []string) string{
    var s string
    l:=len(p)
    for i:=0;i<l;i++{
        s+=p[i]
    }
    return s
}

func StringFmt(p []interface{}) string{
    return fmt.Sprint(p...)
}

func StringJoin(p []string) string{
    return strings.Join(p,"")
}

func StringBuffer(p []string) string {
    var b bytes.Buffer
    l:=len(p)
    for i:=0;i<l;i++{
        b.WriteString(p[i])
    }
    return b.String()
}

func StringBuilder(p []string) string {
    var b strings.Builder
    l:=len(p)
    for i:=0;i<l;i++{
        b.WriteString(p[i])
    }
    return b.String()
}
```

为了提高性能，在以上示例中我并没有使用 for range 循环，而是使用的 for 循环。

19.5　再次进行性能测试

19.5.1　10 个字符串

以上的字符串拼接函数修改后，就可以构造不同大小的切片进行字符串拼接测试了。

为了模拟上次的效果，先用 10 个字符串进行拼接测试，与上面小节的测试情形差不多（也是大概 10 个字符串拼接）。

```
const BLOG  = "http://www.flysnow.org/"
```

```
func initStrings(N int) []string{
    s:=make([]string,N)
    for i:=0;i<N;i++{
        s[i]=BLOG
    }
    return s;
}

func initStringi(N int) []interface{}{
    s:=make([]interface{},N)
    for i:=0;i<N;i++{
        s[i]=BLOG
    }
    return s;
}
```

这两个函数用于构建测试所需的切片。第二个 initStringi 函数返回的是 []interface{}，这是专门为 StringFmt(p []interface{}) 拼接函数准备的，减少了类型之间的转换。

有了这两个生成测试用例的函数，就可以构建 Go 语言性能测试了。

```
func BenchmarkStringPlus10(b *testing.B) {
    p:= initStrings(10)
    b.ResetTimer()
    for i:=0;i<b.N;i++{
        StringPlus(p)
    }
}

func BenchmarkStringFmt10(b *testing.B) {
    p:= initStringi(10)
    b.ResetTimer()
    for i:=0;i<b.N;i++{
        StringFmt(p)
    }
}

func BenchmarkStringJoin10(b *testing.B) {
    p:= initStrings(10)
    b.ResetTimer()
    for i:=0;i<b.N;i++{
        StringJoin(p)
    }
}

func BenchmarkStringBuffer10(b *testing.B) {
    p:= initStrings(10)
    b.ResetTimer()
    for i:=0;i<b.N;i++{
        StringBuffer(p)
    }
}
```

```
func BenchmarkStringBuilder10(b *testing.B) {
    p:= initStrings(10)
    b.ResetTimer()
    for i:=0;i<b.N;i++{
        StringBuilder(p)
    }
}
```

在每个性能测试函数中，都会调用 b.ResetTimer()，这是为了避免测试用例准备时间不同，带来的性能测试效果偏差问题。

运行 go test -bench=. -run=NONE -benchmem 查看结果。

```
BenchmarkStringPlus10-8      3000000     593 ns/op   1312 B/op   9 allocs/op
BenchmarkStringFmt10-8       5000000     335 ns/op   240 B/op    1 allocs/op
BenchmarkStringJoin10-8      10000000    200 ns/op   480 B/op    2 allocs/op
BenchmarkStringBuffer10-8    3000000     452 ns/op   864 B/op    4 allocs/op
BenchmarkStringBuilder10-8   10000000    231 ns/op   480 B/op    4 allocs/op
```

通过这次测试可以看到，“+”拼接不再具有优势，因为 string 是不可变的，每次拼接都会生成一个新的 string，也就是会进行一次内存分配，现在是长度为 10 的切片，每次操作要进行 9 次分配，占用内存，所以每次操作时间都比较长，自然性能就低下。

“+”拼接的性能测试中显示的只有 2 次内存分配，但用了好多个“+”。

```
func StringPlus() string{
    var s string
    s+="昵称"+":"+"飞雪无情"+"\n"
    s+="博客"+":"+"http://www.flysnow.org/"+"\n"
    s+="微信公众号"+":"+"flysnow_org"
    return s
}
```

再来回顾一下这段代码，的确是有很多“+”，但是只有 2 次内存分配，可以大胆猜测，是 3 次“s+=”导致的，正好与测试长度为 10 的切片，只有 9 次内存分配一样。

下面通过运行如下命令看一下 Go 编译器对这段代码的优化：`go build -gcflags="-m -m" main.go`，输出中有如下内容：

```
can inline StringPlus as: func() string { var s string; s = <N>; s += "昵称:飞雪无情
    \n"; s += "博客:http://www.flysnow.org/\n"; s += "微信公众号:flysnow_org"; return s }
```

现在一目了然了，其实是编译器帮我们把字符串做了优化，只剩下 3 个“s+=”。

这次采用长度为 10 的切片进行测试，也很明显测试出 builder 拼接要比 buffer 拼接性能好很多，这个问题的原因主要还在于 []byte 和 string 之间的转换，builder 拼接恰恰解决了这个问题。

```
func (b *Builder) String() string {
    return *(*string)(unsafe.Pointer(&b.buf))
}
```

确实是很高效的解决方案。

19.5.2 100 个字符串

现在测试 100 个字符串拼接的情况，对于上面的代码，要改造非常容易，这里直接给出测试代码。

```
func BenchmarkStringPlus100(b *testing.B) {
    p:= initStrings(100)
    b.ResetTimer()
    for i:=0;i<b.N;i++{
        StringPlus(p)
    }
}

func BenchmarkStringFmt100(b *testing.B) {
    p:= initStringi(100)
    b.ResetTimer()
    for i:=0;i<b.N;i++{
        StringFmt(p)
    }
}

func BenchmarkStringJoin100(b *testing.B) {
    p:= initStrings(100)
    b.ResetTimer()
    for i:=0;i<b.N;i++{
        StringJoin(p)
    }
}

func BenchmarkStringBuffer100(b *testing.B) {
    p:= initStrings(100)
    b.ResetTimer()
    for i:=0;i<b.N;i++{
        StringBuffer(p)
    }
}

func BenchmarkStringBuilder100(b *testing.B) {
    p:= initStrings(100)
    b.ResetTimer()
    for i:=0;i<b.N;i++{
        StringBuilder(p)
    }
}
```

现在运行性能测试，看看 100 个字符串拼接的性能怎么样，哪个函数最高效。

```
BenchmarkStringPlus100-8     100000   19711 ns/op    123168 B/op    99 allocs/op
BenchmarkStringFmt100-8      500000   2615 ns/op     2304 B/op       1 allocs/op
BenchmarkStringJoin100-8     1000000  1516 ns/op     4608 B/op       2 allocs/op
BenchmarkStringBuffer100-8   500000   2333 ns/op     8112 B/op       7 allocs/op
BenchmarkStringBuilder100-8  1000000  1714 ns/op     6752 B/op       8 allocs/op
```

“+”拼接和上面分析的一样，这次是 99 次内存分配，性能体验越来越差，在后面的测试中会排除掉。

fmt 和 buffer 拼接的性能也没有提升，继续走低。剩下比较坚挺的是 join 和 builder 拼接。

19.5.3 1000 个字符串

测试用例和上一节的大同小异，所以直接看测试结果。

```
BenchmarkStringFmt1000-8       50000    28510 ns/op    24590 B/op     1 allocs/op
BenchmarkStringJoin1000-8      100000   15050 ns/op    49152 B/op     2 allocs/op
BenchmarkStringBuffer1000-8    100000   23534 ns/op    122544 B/op    11 allocs/op
BenchmarkStringBuilder1000-8   100000   17996 ns/op    96224 B/op     16 allocs/op
```

整体和 100 个字符串的时候差不多，表现好的还是 join 和 builder。这两个方法的使用侧重点有些不一样，如果有现成的数组、切片，那么可以直接使用 join 拼接，但是如果没有，并且追求灵活性拼接，则还是选择 builder 拼接。

join 拼接还是定位于有现成切片、数组（毕竟拼接成数组也要时间），并且是使用固定方式进行分解的，比如逗号、空格等，局限比较大。

至于 10 000 个字符串的拼接，我这里就不做测试了，你可以自己试试，看看是不是大同小异。

从以上对比分析中，大概可以总结出：

1）“+”拼接适用于短小的、常量字符串（明确的，非变量），因为编译器会做优化。

2）join 拼接是比较统一的拼接，不太灵活。

3）fmt 和 buffer 拼接基本上不推荐。

4）builder 拼接从性能和灵活性上都是上佳的选择。

通过以上分析，终于为 builder 拼接正名了，果真不负众望，尤其是拼接的字符串越来越多时，其性能的优越性更加明显。

但是字符串高效拼接还没结束，还可以继续提升拼接的性能。现在我们来看一下如何再次提升 builder 拼接的性能。

19.6 builder 拼接慢在哪里

既然要优化 builder 拼接，那么起码要知道它慢在哪里，继续运行上面小节的测试用例，看一下性能。

```
Builder10-8       5000000     258 ns/op        480 B/op        4 allocs/op
Builder100-8      1000000     2012 ns/op       6752 B/op       8 allocs/op
Builder1000-8     100000      21016 ns/op      96224 B/op      16 allocs/op
Builder10000-8    10000       195098 ns/op     1120226 B/op    25 allocs/op
```

这里采取了10、100、1000、10 000四种不同数量的字符串进行拼接测试。测试后，我们发现每次操作都有不同次数的内存分配，内存分配越多则越慢，如果引起GC，就更慢了，因此首先优化这个，即减少内存分配的次数。

19.7 内存分配优化

通过cpuprofile，查看生成的火焰图可以得知，runtime.growslice函数会被频繁地调用，并且时间占比也比较长。查看Builder.WriteString的源代码：

```
func (b *Builder) WriteString(s string) (int, error) {
    b.copyCheck()
    b.buf = append(b.buf, s...)
    return len(s), nil
}
```

可以肯定是append方法触发了runtime.growslice，因为b.buf的容量（cap）不足，所以需要调用runtime.growslice扩充b.buf的容量，然后才可以追加新的元素。扩容自然会涉及内存的分配，而且追加的内容越多，分配的次数越多，这与上面性能测试的数据是一样的。

既然问题的原因找到了，那么就可以优化了，核心手段就是减少runtime.growslice的调用，甚至不调用。照着这个思路的话，就要提前为b.buf分配好容量。幸好Builder提供了扩充容量的方法Grow，在执行WriteString之前，先通过Grow方法，扩充好容量即可。

现在开始改造我们的StringBuilder函数。

```
//blog:www.flysnow.org
//微信公众号:flysnow_org
func StringBuilder(p []string,cap int) string {
    var b strings.Builder
    l:=len(p)
    b.Grow(cap)
    for i:=0;i<l;i++{
        b.WriteString(p[i])
    }
    return b.String()
}
```

增加一个参数cap，让使用者告诉Builder需要的容量大小。

Grow方法的实现非常简单，就是一个通过make函数扩充b.buf大小，然后再拷贝b.buf的过程。

```
func (b *Builder) grow(n int) {
    buf := make([]byte, len(b.buf), 2*cap(b.buf)+n)
    copy(buf, b.buf)
    b.buf = buf
}
```

现在的性能测试用例如下：

```
func BenchmarkStringBuilder10(b *testing.B) {
    p:= initStrings(10)
    cap:=10*len(BLOG)
    b.ResetTimer()
    for i:=0;i<b.N;i++{
        StringBuilder(p,cap)
    }
}

func BenchmarkStringBuilder1000(b *testing.B) {
    p:= initStrings(1000)
    cap:=1000*len(BLOG)
    b.ResetTimer()
    for i:=0;i<b.N;i++{
        StringBuilder(p,cap)
    }
}
```

为了说明情况和简化代码，这里只有 10 个和 1000 个元素的用例，其他类似。

为了把性能优化到极致，我一次性将需要的容量分配足够。现在再次运行性能（Benchmark）测试代码。

```
Builder10-8      10000000     123 ns/op       352 B/op     1 allocs/op
Builder100-8     2000000      898 ns/op       2688 B/op    1 allocs/op
Builder1000-8    200000       7729 ns/op      24576 B/op   1 allocs/op
Builder10000-8   20000        78678 ns/op     237568 B/op  1 allocs/op
```

性能足足翻了 1 倍多，只有 1 次内存分配，每次操作占用的内存也减少了一半多，降低了 GC。

19.8　小结

通过字符串拼接进行性能优化的实战到这里就结束了。通过一步步的分析、优化，其背后的原理也讲得非常清楚：就是预先分配内存，减少 append 过程中的内存重新分配和数据拷贝，这样就可以大大提升性能。

我们在自己的代码中，也要选择适合场景的字符串拼接方式；对于可以预见长度的切片，要提前申请好内存。

在下一章我们将进入工程管理部分，我们会首先学习“测试：质量保证的基石”。

第四部分 Part 4

Go 语言工程管理

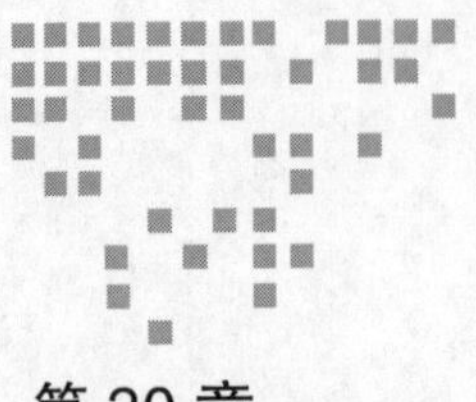

Chapter 20 第 20 章

测试：质量保证的基石

从这一章开始，我会带你学习本书的第四部分：Go 语言工程管理。现在项目的开发都不是一个人可以完成的，需要多人进行协作，那么在多人协作中如何保证代码的质量、你写的代码如何被其他人使用，以及如何优化代码的性能等，这就是本书第四部分的内容。

这一章主要讲解 Go 语言的单元测试和基准测试。

20.1 单元测试

在开发完一个功能后，你可能会直接把代码合并到代码库，用于上线或供其他人使用。但这样是不对的，因为你还没有对所写的代码进行测试。没有经过测试的代码的逻辑可能会存在问题：如果强行合并到代码库，可能影响其他人的开发；如果强行上线，可能导致线上 Bug、影响用户使用。

20.1.1 什么是单元测试

顾名思义，单元测试强调的是对单元进行测试。在开发中，一个单元可以是一个函数、一个模块等。一般情况下，你要测试的单元应该是一个完整的最小单元，比如 Go 语言的函数。如果每个最小单元都被验证通过，那么整个模块甚至整个程序就都可以被验证通过。

单元测试由开发者自己编写，也就是谁改动了代码，谁就要编写相应的单元测试代码以验证本次改动的正确性。

20.1.2 Go 语言的单元测试

虽然每种编程语言里单元测试的概念是一样的，但它们对单元测试的设计不一样。Go 语言也有自己的单元测试规范，下面我会通过一个完整的示例为你讲解，这个例子就是经典的斐波那契数列。

斐波那契数列是一个经典的黄金分隔数列：它的第 0 项是 0；第 1 项是 1；从第 2 项开始，每一项都等于前两项之和。所以它的数列是：0、1、1、2、3、5、8、13、21……

说明 为了便于总结后面的函数方程式，我这里特意写的从第 0 项开始，其实现实中没有第 0 项。

根据以上规律，可以总结出它的函数方程式。

1）F(0)=0

2）F(1)=1

3）$F(n)=F(n-1)+F(n-2)$

有了函数方程式，再编写一个 Go 语言函数来计算斐波那契数列就比较简单了，代码如下：

```
ch20/main.go
func Fibonacci(n int) int {
    if n < 0 {
        return 0
    }
    if n == 0 {
        return 0
    }
    if n == 1 {
        return 1
    }
    return Fibonacci(n-1) + Fibonacci(n-2)
}
```

也就是通过递归的方式实现了斐波那契数列的计算。

Fibonacci 函数已经编写好了，可以供其他开发者使用，不过在使用之前，需要先对它进行单元测试。你需要新建一个 go 文件用于存放单元测试代码。刚刚编写的 Fibonacci 函数在 *ch20/main.go* 文件中，那么对 Fibonacci 函数进行单元测试的代码需要放在 *ch20/main_test.go* 中，测试代码如下：

```
ch20/main_test.go
func TestFibonacci(t *testing.T) {
    //预先定义的一组斐波那契数列作为测试用例
    fsMap := map[int]int{}
```

```
    fsMap[0] = 0
    fsMap[1] = 1
    fsMap[2] = 1
    fsMap[3] = 2
    fsMap[4] = 3
    fsMap[5] = 5
    fsMap[6] = 8
    fsMap[7] = 13
    fsMap[8] = 21
    fsMap[9] = 34
    for k, v := range fsMap {
        fib := Fibonacci(k)
        if v == fib {
            t.Logf("结果正确:n为%d,值为%d", k, fib)
        } else {
            t.Errorf("结果错误：期望%d,但是计算的值是%d", v, fib)
        }
    }
}
```

在这个单元测试中，我通过map预定义了一组测试用例，然后通过Fibonacci函数计算结果。同预定义的结果进行比较，如果相等，则说明Fibonacci函数计算正确，不相等则说明计算错误。

然后可以运行如下命令，进行单元测试：

```
→ go test -v ./ch20
```

这行命令会运行ch20目录下的所有单元测试，因为我只写了一个单元测试，所以可以看到结果如下所示：

```
→ go test -v ./ch20
=== RUN   TestFibonacci
    main_test.go:21: 结果正确:n为0,值为0
    main_test.go:21: 结果正确:n为1,值为1
    main_test.go:21: 结果正确:n为6,值为8
    main_test.go:21: 结果正确:n为8,值为21
    main_test.go:21: 结果正确:n为9,值为34
    main_test.go:21: 结果正确:n为2,值为1
    main_test.go:21: 结果正确:n为3,值为2
    main_test.go:21: 结果正确:n为4,值为3
    main_test.go:21: 结果正确:n为5,值为5
    main_test.go:21: 结果正确:n为7,值为13
--- PASS: TestFibonacci (0.00s)
PASS
ok      gotour/ch20     (cached)
```

在打印的测试结果中，你可以看到PASS标记，说明单元测试通过，而且还可以看到我在单元测试中写的日志。

这就是一个完整的 Go 语言单元测试用例，它是在 Go 语言提供的测试框架下完成的。Go 语言测试框架可以让我们很容易地进行单元测试，但是需要遵循五点规则。

1）含有单元测试代码的 go 文件必须以 _test.go 结尾，Go 语言测试工具只认符合这个规则的文件。

2）单元测试文件名 _test.go 前面的部分最好是被测试的函数所在的 go 文件的文件名，比如以上示例中单元测试文件叫 main_test.go，因为测试的 Fibonacci 函数在 main.go 文件里。

3）单元测试的函数名必须以 Test 开头，是可导出的、公开的函数。

4）测试函数的签名必须接收一个指向 testing.T 类型的指针，并且不能返回任何值。

5）函数名最好是“Test + 要测试的函数名”，比如例子中是 TestFibonacci，表示测试的是 Fibonacci 这个函数。

遵循以上规则，你就可以很容易地编写单元测试了。单元测试的重点在于熟悉业务代码的逻辑、场景等，以便尽可能地全面测试、保障代码质量。

20.1.3　单元测试覆盖率

以上示例中的 Fibonacci 函数是否被全面地测试了呢？这就需要用单元测试覆盖率进行检测了。

Go 语言提供了非常方便的命令来查看单元测试覆盖率。还是以 Fibonacci 函数的单元测试为例，通过一行命令即可查看它的单元测试覆盖率。

```
→ go test -v --coverprofile=ch20.cover ./ch20
```

这行命令包括 --coverprofile 这个 Flag，它可以得到一个单元测试覆盖率文件，运行这行命令还可以同时看到测试覆盖率。Fibonacci 函数的测试覆盖率如下：

```
PASS
coverage: 85.7% of statements
ok      gotour/ch20     0.367s  coverage: 85.7% of statements
```

可以看到，测试覆盖率为 85.7%。从这个数字来看，Fibonacci 函数应该没有被全面地测试，这时候就需要查看详细的单元测试覆盖率报告了。

运行如下命令，可以得到一个 HTML 格式的单元测试覆盖率报告：

```
→ go tool cover -html=ch20.cover -o=ch20.html
```

命令运行后，会在当前目录下生成一个 ch20.html 文件，使用浏览器打开它，可以看到图 20-1 中的内容。

`n < 0` 的部分是没有测试到的，其他部分是已经测试到的。这就是单元测试覆盖率报告的好处，通过它你可以很容易地检测自己写的单元测试是否完全覆盖。

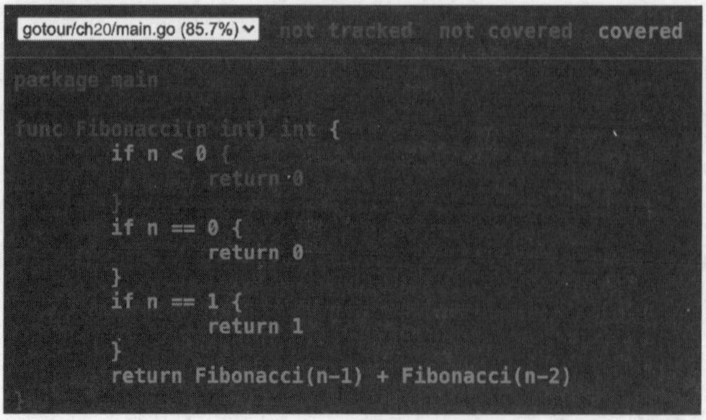

```
gotour/ch20/main.go (85.7%)  not tracked  not covered  covered

package main

func Fibonacci(n int) int {
	if n < 0 {
		return 0
	}
	if n == 0 {
		return 0
	}
	if n == 1 {
		return 1
	}
	return Fibonacci(n-1) + Fibonacci(n-2)
}
```

图 20-1 单元测试覆盖率报告

根据报告，我再修改一下单元测试，将没有覆盖的代码逻辑覆盖到，代码如下：

```
fsMap[-1] = 0
```

也就是说，由于图 20-1 中 `n < 0` 的部分没有测试到，所以我们需要再添加一组测试用例，用于测试 `n < 0` 的情况。现在再运行这个单元测试，查看它的单元测试覆盖率，就会发现已经是 100% 了。

20.2 基准测试

除了需要保证我们编写的代码的逻辑正确外，有时候还有性能要求。那么，如何衡量代码的性能呢？这就需要基准测试了。

20.2.1 什么是基准测试

基准测试（Benchmark）是一项用于测量和评估软件性能指标的方法，主要用于评估你写的代码的性能。

20.2.2 Go 语言的基准测试

Go 语言的基准测试和单元测试规则基本一样，只是测试函数的命名规则不一样。现在还以 Fibonacci 函数为例，演示 Go 语言基准测试的使用。

Fibonacci 函数的基准测试代码如下：

```
ch20/main_test.go
func BenchmarkFibonacci(b *testing.B){
    for i:=0;i<b.N;i++{
        Fibonacci(10)
    }
}
```

这是一个非常简单的Go语言基准测试示例，它与单元测试的不同点如下：

1）基准测试函数必须以Benchmark开头，必须是可导出的。

2）函数的签名必须接收一个指向testing.B类型的指针，并且不能返回任何值。

3）最后的for循环很重要，被测试的代码要放到循环里。

4）b.N是基准测试框架提供的，表示循环的次数，因为需要反复调用测试的代码，才可以评估性能。

写好了基准测试，就可以通过如下命令来测试Fibonacci函数的性能：

```
→ go test -bench=. ./ch20
goos: darwin
goarch: amd64
pkg: gotour/ch20
BenchmarkFibonacci-8     3461616              343 ns/op
PASS
ok      gotour/ch20     2.230s
```

运行基准测试也要使用go test命令，不过要加上-bench这个Flag，它接收一个表达式作为参数，以匹配基准测试的函数，“.”表示运行所有基准测试。

下面着重解释输出的结果。看到函数后面的“-8”了吗？这个表示运行基准测试时对应的GOMAXPROCS的值。接着的“3461616”表示运行for循环的次数，也就是调用被测试代码的次数，最后的“343 ns/op”表示每次需要花费343ns。

基准测试的时间默认是1s，也就是1s调用3461616次、每次调用花费343ns。如果想让测试运行的时间更长，可以通过-benchtime指定，比如3s，代码如下所示：

```
go test -bench=. -benchtime=3s ./ch20
```

20.2.3　计时方法

进行基准测试之前会做一些准备，比如构建测试数据等，这些准备也需要消耗时间，所以需要把这部分时间排除在外。这就需要通过ResetTimer方法重置计时器，示例代码如下：

```
func BenchmarkFibonacci(b *testing.B) {
    n := 10
    b.ResetTimer() //重置计时器
    for i := 0; i < b.N; i++ {
        Fibonacci(n)
    }
}
```

这样可以避免因为准备数据耗时造成的干扰。

除了ResetTimer方法外，还有StartTimer和StopTimer方法，可帮助你灵活地控制什么时候开始计时、什么时候停止计时。

20.2.4 内存统计

在进行基准测试时，还可以统计每次操作分配内存的次数，以及每次操作分配的字节数，这两个指标可以作为优化代码的参考。要开启内存统计也比较简单，即通过ReportAllocs()方法开启，代码如下：

```
func BenchmarkFibonacci(b *testing.B) {
    n := 10
    b.ReportAllocs() //开启内存统计
    b.ResetTimer() //重置计时器
    for i := 0; i < b.N; i++ {
        Fibonacci(n)
    }
}
```

现在再运行这个基准测试，可以看到如下结果：

```
→ go test -bench=.  ./ch20
goos: darwin
goarch: amd64
pkg: gotour/ch20
BenchmarkFibonacci-8  2486265  486 ns/op  0 B/op  0 allocs/op
PASS
ok      gotour/ch20     2.533s
```

可以看到相比原来的基准测试多了两个指标，分别是0 B/op和0 allocs/op。前者表示每次操作分配了多少字节的内存，后者表示每次操作分配内存的次数。这两个指标可以作为代码优化的参考，通常尽可能越小越好。

以上两个指标是否越小越好？这是不一定的，因为有时候代码实现需要空间换时间，所以要根据自己的具体业务而定，做到在满足业务的情况下越小越好。

20.2.5 并发基准测试

除了普通的基准测试外，Go语言还支持并发基准测试，你可以测试在多个goroutine并发下代码的性能。还是以Fibonacci为例，它的并发基准测试代码如下：

```
func BenchmarkFibonacciRunParallel(b *testing.B) {
    n := 10
    b.RunParallel(func(pb *testing.PB) {
        for pb.Next() {
            Fibonacci(n)
        }
    })
}
```

可以看到，Go 语言通过 RunParallel 方法运行并发基准测试。RunParallel 方法会创建多个 goroutine，并将 b.N 分配给这些 goroutine 执行。

20.2.6 基准测试实战

相信你已经理解了 Go 语言的基准测试，也学会了如何使用，现在我通过实战帮助你复习。

还是以 Fibonacci 函数为例，通过前面小节的基准测试，会发现它并没有分配新的内存，也就是说 Fibonacci 函数慢并不是因为内存，排除掉这个原因，就可以归结为所写的算法上的问题了。

在递归运算中，一定会有重复计算，这是影响递归的主要因素。要解决重复计算的问题，可以使用缓存，把已经计算好的结果保存起来，就可以重复使用了。

基于这个思路，我将 Fibonacci 函数的代码进行如下修改：

```
//缓存已经计算的结果
var cache = map[int]int{}

func Fibonacci(n int) int {
    if v, ok := cache[n]; ok {
        return v
    }
    result := 0

    switch {
    case n < 0:
        result = 0
    case n == 0:
        result = 0
    case n == 1:
        result = 1
    default:
        result = Fibonacci(n-1) + Fibonacci(n-2)
    }
    cache[n] = result
    return result
}
```

这组代码的核心在于采用一个 map 将已经计算好的结果缓存、便于重新使用。改造后，我再来运行基准测试，看看刚刚优化的效果，如下所示：

```
BenchmarkFibonacci-8   97823403   11.7 ns/op
```

可以看到，结果为 11.7ns，相比优化前的 343ns，性能足足提高了 28 倍。

20.3 小结

单元测试是保证代码质量的好方法，但单元测试也不是万能的，使用它可以降低 Bug 率，但也不要完全依赖它。除了单元测试外，还可以辅以 Code Review、人工测试等手段以更好地保证代码质量。

本章的练习题：在运行 go test 命令时，使用 -benchmem 这个 Flag 进行内存统计。

下一章将介绍“性能优化：如何写出高质量的代码”！

第 21 章 Chapter 21

性能优化：如何写出高质量的代码

在上一章中，我为你留了一个小作业：在运行 go test 命令时，使用 -benchmem 这个 Flag 进行内存统计。该作业的答案比较简单，命令如下所示：

```
→ go test -bench=. -benchmem  ./ch20
```

运行这一命令就可以查看内存统计的结果了。这种通过 -benchmem 查看内存的方法适用于所有的基准测试用例。

这一章要讲的内容是 Go 语言的代码检查和优化，下面我们开始本章内容的讲解。

在项目开发中，保证代码质量和性能的手段不只有单元测试和基准测试，还有代码规范检查和性能优化。

- 代码规范检查是对单元测试的一种补充，它可以从非业务的层面检查你的代码是否还有优化的空间，比如变量是否被使用、是否是死代码等。
- 性能优化是通过基准测试来衡量的，这样我们才知道优化部分是否真的提升了程序的性能。

21.1 代码规范检查

21.1.1 什么是代码规范检查

顾名思义，代码规范检查是从 Go 语言层面出发，依据 Go 语言的规范，对你写的代码进行的静态扫描检查，这种检查与你的业务无关。

比如你定义了一个常量，从未使用过，虽然对代码运行并没有造成什么影响，但是这个常量是可以删除的，代码如下所示：

```
ch21/main.go
const name = "飞雪无情"

func main() {

}
```

示例中的常量name其实并没有使用，所以为了节省内存你可以删除它，这种未使用常量的情况就可以通过代码规范检查检测出来。

再比如，你调用了一个函数，该函数返回了一个error，但是你并没有对该error做判断，在这种情况下，程序也可以正常编译运行。但是代码写得不严谨，因为返回的error被我们忽略了。代码如下所示：

```
ch21/main.go
func main() {
    os.Mkdir("tmp",0666)
}
```

示例代码中，Mkdir函数是有返回error的，但是你并没有对返回的error做判断，在这种情况下，哪怕创建目录失败，你也不知道，因为错误被你忽略了。如果你使用代码规范检查，这类潜在的问题也会被检测出来。

以上两个例子可以帮助你理解什么是代码规范检查、它有什么用。除了这两种情况，还有拼写问题、死代码、代码简化检测、命名中带下划线、冗余代码等，都可以使用代码规范检查检测出来。

21.1.2 golangci-lint的安装和使用

要想对代码进行检查，则需要对代码进行扫描，静态分析所写的代码是否存在规范问题。

静态代码分析是不会运行代码的。

可用于Go语言代码分析的工具有很多，比如golint、gofmt、misspell等，如果一一配置，就会比较烦琐，所以通常我们不会单独地使用它们，而是使用golangci-lint。

golangci-lint是一个集成工具，它集成了很多静态代码分析工具，便于我们使用。通过配置这一工具，我们可以很灵活地启用需要的代码规范检查。

如果要使用golangci-lint，首先需要安装它。因为golangci-lint本身就是Go语言编写的，所以我们可以使用源代码安装，打开终端，输入如下命令即可安装。

```
→ go get github.com/golangci/golangci-lint/cmd/golangci-lint@v1.32.2
```

使用这一命令安装的是 v1.32.2 版本的 golangci-lint，安装完成后，在终端输入如下命令，检测是否安装成功。

```
→ golangci-lint version
golangci-lint has version v1.32.2
```

提示　在 MacOS 下可以使用 brew 来安装 golangci-lint。

好了，golangci-lint 安装成功后，就可以使用它进行代码检查了，我以上面示例中的常量 name 和 Mkdir 函数为例，演示 golangci-lint 的使用。在终端输入如下命令回车：

```
→ golangci-lint run ch21/
```

这一示例表示要检测目录中 ch21 下的代码，运行后可以看到如下输出结果。

```
ch21/main.go:5:7: `name` is unused (deadcode)
const name = "飞雪无情"
      ^
ch21/main.go:8:10: Error return value of `os.Mkdir` is not checked (errcheck)
        os.Mkdir("tmp",0666)
```

通过代码检测结果可以看到，上一小节提到的两个代码规范问题都被检测出来了。检测出问题后，你就可以修复它们，让代码更加符合规范。

21.1.3　golangci-lint 的配置

golangci-lint 的配置比较灵活，比如你可以自定义要启用哪些 linter。golangci-lint 默认启用的 linter 包括这些检查：

```
deadcode：死代码检查。
errcheck：检查返回的错误是否处理。
gosimple：检查代码是否可以简化。
govet：代码可疑检查，比如格式化字符串和类型不一致。
ineffassign：检查是否有未使用的代码。
staticcheck：静态分析检查。
structcheck：查找未使用的结构体字段。
typecheck：类型检查。
unused：未使用代码检查。
varcheck：未使用的全局变量和常量检查。
```

提示　对于 golangci-lint 支持的其他 linter，可以通过在终端中输入 `golangci-lint linters` 命令查看，并且可以看到每个 linter 的说明。

如果要修改默认启用的 linter，就需要对 golangci-lint 进行配置。即在项目根目录下新建一个名字为 .golangci.yml 的文件，这就是 golangci-lint 的配置文件。在运行代码规范检查的时候，golangci-lint 会自动使用它。假设我只启用 unused 检查，可以这样配置：

```
.golangci.yml
linters:
    disable-all: true
    enable:
        - unused
```

在团队多人协作开发中，有一个固定的 golangci-lint 版本是非常重要的，这样大家就可以基于同样的标准检查代码。要配置 golangci-lint 使用的版本也比较简单，在配置文件中添加如下代码即可：

```
service:
    golangci-lint-version: 1.32.2 # use the fixed version to not introduce new
        linters unexpectedly
```

此外，你还可以针对每个启用的 linter 进行配置，比如要设置拼写检测的语言为 US，可以使用如下代码设置：

```
linters-settings:
    misspell:
        locale: US
```

golangci-lint 的配置比较多，你自己可以灵活配置。关于 golangci-lint 的更多配置可以参考官方文档，这里我给出一个常用的配置，代码如下：

```
.golangci.yml
linters-settings:
    golint:
        min-confidence: 0
    misspell:
        locale: US
linters:
    disable-all: true
    enable:
        - typecheck
        - goimports
        - misspell
        - govet
        - golint
        - ineffassign
        - gosimple
        - deadcode
        - structcheck
        - unused
        - errcheck
```

```
service:
    golangci-lint-version: 1.32.2 # use the fixed version to not introduce new
        linters unexpectedly
```

21.1.4　集成 golangci-lint 到 CI

代码检查一定要集成到 CI 流程中，效果才会更好，这样开发者提交代码的时候，CI 就会自动检查代码，及时发现问题并进行修正。

不管你是使用 Jenkins，还是 GitLab CI，或者 GitHub Action，都可以通过 Makefile 的方式运行 golangci-lint。现在我在项目根目录下创建一个 Makefile 文件，并添加如下代码：

```
Makefile
getdeps:
    @mkdir -p ${GOPATH}/bin
    @which golangci-lint 1>/dev/null || (echo "Installing golangci-lint" && go
        get github.com/golangci/golangci-lint/cmd/golangci-lint@v1.32.2)

lint:
    @echo "Running $@ check"
    @GO111MODULE=on ${GOPATH}/bin/golangci-lint cache clean
    @GO111MODULE=on ${GOPATH}/bin/golangci-lint run --timeout=5m --config ./.
        golangci.yml

verifiers: getdeps lint
```

关于 Makefile 的知识可以从网上搜索学习一下，比较简单，这里不再进行讲述。

好了，现在你可以把如下命令添加到你的 CI 中了，它可以帮助你自动安装 golangci-lint，并检查你的代码。

```
make verifiers
```

21.2　性能优化

性能优化的目的是让程序更好、更快地运行，但不是必要的，这一点一定要记住。所以在程序开始的时候，你不必刻意追求性能优化，先大胆地写你的代码就好了，写正确的代码是性能优化的前提。

21.2.1　堆或栈分配

在比较古老的 C 语言中，内存分配是手动申请的，内存释放也需要手动完成。

- 手动控制有一个很大的好处就是你需要多少就申请多少，可以最大化地利用内存。
- 但是这种方式也有一个明显的缺点，就是如果忘记释放内存，就会导致内存泄漏。

所以，为了让程序员更好地专注于业务代码的实现，Go 语言增加了垃圾回收机制，自动地回收不再使用的内存。

Go 语言有两部分内存空间：栈内存和堆内存。

- 栈内存由编译器自动分配和释放，开发者无法控制。栈内存一般存储函数中的局部变量、参数等。创建函数的时候，这些内存会被自动创建；函数返回的时候，这些内存会被自动释放。
- 堆内存的生命周期比栈内存要长，如果函数返回的值还会在其他地方使用，那么这个值就会被编译器自动分配到堆上。堆内存相比栈内存来说，不能自动被编译器释放，只能通过垃圾回收器释放，所以栈内存效率会更高。

21.2.2 逃逸分析

既然栈内存的效率更高，肯定是优先使用栈内存。那么 Go 语言是如何判断一个变量应该分配到堆上还是栈上的呢？这就需要逃逸分析了。下面我通过一个示例来讲解逃逸分析，代码如下：

```
ch21/main.go
func newString() *string{
    s:=new(string)
    *s = "飞雪无情"
    return s
}
```

在这个示例中：

- 通过 new 函数申请了一块内存。
- 然后把它赋值给了指针变量 s。
- 最后通过 return 关键字返回。

提示 以上 newString 函数是没有意义的，这里只是为了方便演示。

现在我通过逃逸分析来看一下是否发生了逃逸，命令如下：

```
→ go build -gcflags="-m -l" ./ch21/main.go
# command-line-arguments
ch21/main.go:16:8: new(string) escapes to heap
```

在这一命令中，-m 表示打印出逃逸分析信息，-l 表示禁止内联，可以更好地观察逃逸。从以上输出结果可以看到发生了逃逸，也就是说指针作为函数返回值的时候，一定会发生逃逸。

逃逸到堆内存的变量不能马上被回收，只能通过垃圾回收标记清除，增加了垃圾回收的压力，所以要尽可能地避免逃逸，让变量分配在栈内存上，这样函数返回时就可以回收资源，提升了效率。

下面我对 newString 函数进行避免逃逸的优化，优化后的函数代码如下：

```
ch21/main.go
func newString() string{
     s:=new(string)
     *s = "飞雪无情"
     return *s
}
```

再次通过命令查看以上代码的逃逸分析，命令如下：

```
→ go build -gcflags="-m -l" ./ch21/main.go
# command-line-arguments
ch21/main.go:14:8: new(string) does not escape
```

通过分析结果可以看到，虽然还是声明了指针变量 s，但是函数返回的并不是指针，所以没有发生逃逸。

这就是关于指针作为函数返回逃逸的例子，那么是不是不使用指针就不会发生逃逸了呢？下面看个例子，代码如下：

```
fmt.Println("飞雪无情")
```

同样运行逃逸分析，你会看到如下结果：

```
→ go build -gcflags="-m -l" ./ch21/main.go
# command-line-arguments
ch21/main.go:13:13: ... argument does not escape
ch21/main.go:13:14: "飞雪无情" escapes to heap
ch21/main.go:17:8: new(string) does not escape
```

观察这一结果，你会发现“飞雪无情”这个字符串逃逸到了堆内存上，这是因为“飞雪无情”这个字符串被已经逃逸的指针变量引用，所以它也跟着逃逸了，引用代码如下：

```
func (p *pp) printArg(arg interface{}, verb rune) {
    p.arg = arg
    //省略其他无关代码
}
```

所以被已经逃逸的指针引用的变量也会发生逃逸。

Go 语言中有 3 个比较特殊的类型，它们是 slice、map 和 chan，被这三种类型引用的指针也会发生逃逸，看一个这样的例子：

```
ch21/main.go
func main() {
    m:=map[int]*string{}
    s:="飞雪无情"
    m[0] = &s
}
```

同样运行逃逸分析，你看到的结果是：

```
→  gotour go build -gcflags="-m -l" ./ch21/main.go
# command-line-arguments
ch21/main.go:16:2: moved to heap: s
ch21/main.go:15:20: map[int]*string literal does not escape
```

从这一结果可以看到，变量m没有逃逸，反而被变量m引用的变量s逃逸到了堆内存上。所以被map、slice和chan这三种类型引用的指针一定会发生逃逸。

逃逸分析是判断变量是分配在堆内存上还是栈内存上的一种方法，在实际的项目中要尽可能避免逃逸，这样就不会被GC拖慢速度，从而提升效率。

小技巧 从逃逸分析来看，指针虽然可以减少内存的拷贝，但它同样会引起逃逸，所以要根据实际情况选择是否使用指针。

21.2.3 优化技巧

通过前面小节的介绍，相信你已经了解了栈内存和堆内存，以及变量什么时候会逃逸，那么在优化的时候思路就比较清晰了，因为都是基于以上原理进行的。下面我总结几个优化的小技巧。

1）第1个需要介绍的技巧是尽可能避免逃逸，因为栈内存效率更高，还不用GC。比如小对象的传参，array要比slice效果好。

2）如果避免不了逃逸，还是在堆上分配了内存，那么对于频繁的内存申请操作，我们要学会重用内存，比如使用sync.Pool，这是第2个技巧。

3）第3个技巧就是选用合适的算法，达到高性能的目的，比如以空间换时间。

提示 优化性能的时候，要结合基准测试来验证自己的优化是否有提升。

以上是基于Go语言的内存管理机制总结出的3个方向的技巧，基于这3个方向基本上可以优化出你想要的效果。除此之外，还有一些小技巧，比如要尽可能避免使用锁、并发加锁的范围要尽可能小、使用StringBuilder做string和[]byte之间的转换、defer嵌套不要太多等。

最后推荐一个Go语言自带的性能剖析工具pprof，通过它你可以查看CPU分析、内存分析、阻塞分析、互斥锁分析，它的使用不是太复杂，你可以搜索它的使用教程，这里就不展开介绍了。

21.3　小结

这一章主要介绍了代码规范检查和性能优化两部分内容，其中代码规范检查是从工具使用的角度讲解的，而性能优化可能涉及的点太多，所以是从原理的角度讲解的，你明白了原理，就能更好地优化你的代码。

我认为是否进行性能优化取决于两点：业务需求和自我驱动。所以不要刻意地做性能优化，尤其是不要提前做，先保证代码正确并上线，然后再根据业务需要，决定是否进行优化以及花多少时间优化。自我驱动其实是一种编码能力的体现，比如有经验的开发者在编码的时候，潜意识地就避免了逃逸，减少了内存拷贝，在高并发的场景中设计了低延迟的架构。

最后给你留个作业，把golangci-lint引入自己的项目吧，相信你的付出会有回报的。

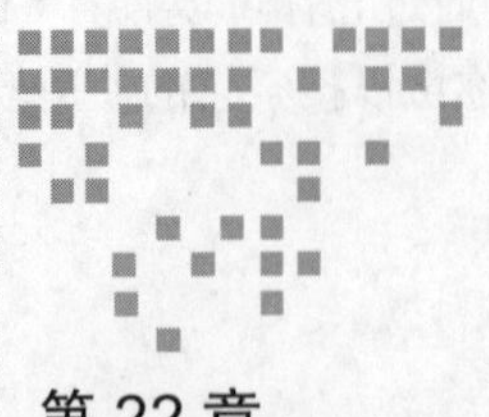

Chapter 22 第 22 章

协作开发：模块化管理

任何业务都是从简单向复杂演进的，而在业务演进的过程中，技术是从单体向多模块、多服务演进的。技术的这种演进方式的核心目的是复用代码、提高效率，本章将介绍 Go 语言是如何通过模块化的管理来提升开发效率的。

22.1 Go 语言中的包

22.1.1 什么是包

在业务非常简单的时候，你甚至可以把代码写到一个 Go 文件中。但随着业务逐渐复杂，你会发现，如果代码都放在一个 Go 文件中，会变得难以维护，这时候你就需要抽取代码，把相同业务的代码放在一个目录中。在 Go 语言中，这个目录叫作包。

在 Go 语言中，一个包是通过 package 关键字定义的，最常见的就是 main 包，它的定义如下所示：

```
package main
```

此外，前面章节演示示例经常用到的 fmt 包，也是通过 package 关键字声明的。

一个包就是一个独立的空间，你可以在这个包里定义函数、结构体等。这时，我们认为这些函数、结构体是属于这个包的。

22.1.2 使用包

如果你想使用一个包里的函数或者结构体，就需要先导入这个包，比如常用的 fmt 包，代码示例如下所示。

```
package main
import "fmt"
func main() {
    fmt.Println("先导入 fmt 包，才能使用")
}
```

要导入一个包，需要使用 import 关键字；如果需要同时导入多个包，则可以使用小括号，示例代码如下所示。

```
import (
    "fmt"
    "os"
)
```

从以上示例可以看到，该示例导入了 fmt 和 os 这两个包，使用了小括号，每一行写了一个要导入的包。

22.1.3 作用域

讲到了包之间的导入和使用，就不得不提作用域这个概念，因为只有满足作用域的函数才可以被调用。

- 在 Java 语言中，通过 public、private 这些修饰符修饰一个类的作用域。
- 在 Go 语言中，并没有这样的作用域修饰符，它是通过首字母是否大写来区分的，这同时也体现了 Go 语言的简洁。

如上述示例 fmt 包中的 Println 函数：

- 它的首字母就是大写的 P，所以该函数才可以在 main 包中使用。
- 如果 println 函数的首字母是小写的 p，那么它只能在 fmt 包中被使用，不能跨包使用。

这里我为你总结一下 Go 语言的作用域：

- Go 语言中，所有的定义，比如函数、变量、结构体等，如果首字母是大写，就可以被其他包使用。
- 反之，如果首字母是小写的，就只能在同一个包内使用。

22.1.4 自定义包

你也可以定义自己的包，通过包的方式把相同业务、相同职责的代码放在一起。比如你有一个 util 包，用于存放一些常用的工具函数，项目结构如下所示：

```
ch22
├── main.go
└── util
    └── string.go
```

在 Go 语言中，一个包对应一个文件夹，上面的项目结构示例也验证了这一点。在这个示例中，有一个 util 文件夹，它里面有一个 string.go 文件，这个 Go 语言文件就属于 util 包，它的包定义如下所示：

```
ch22/util/string.go
package util
```

可以看到，Go 语言中的包是代码的一种组织形式，通过包把相同业务或者相同职责的代码放在一起。通过包对代码进行归类，便于代码维护以及被其他包调用，提高团队协作效率。

22.1.5 init 函数

除了 main 这个特殊的函数外，Go 语言还有一个特殊的函数——init，通过它可以实现包级别的一些初始化操作。

init 函数没有返回值，也没有参数，它先于 main 函数执行，代码如下所示：

```
func init() {
    fmt.Println("init in main.go ")
}
```

一个包中可以有多个 init 函数，但是它们的执行顺序并不确定，所以如果你定义了多个 init 函数的话，要确保它们是相互独立的，一定不要有顺序上的依赖。

那么，init 函数的作用是什么呢？其实就是在导入一个包时，可以对这个包做一些必要的初始化操作，比如数据库连接和一些数据的检查，确保我们可以正确地使用这个包。

22.2 Go 语言中的模块

如果包是比较低级的代码组织形式的话，那么模块就是更高级别的。在 Go 语言中，一个模块可以包含很多个包，所以模块是相关的包的集合。

在 Go 语言中，一个模块通常是一个项目，比如这本书实例中使用的 gotour 项目；也可以是一个框架，比如常用的 Web 框架 gin。

22.2.1 go mod

Go 语言为我们提供了 go mod 命令来创建一个模块（项目），比如要创建一个 gotour 模块，可以通过如下命令实现：

```
→ go mod init gotour
go: creating new go.mod: module gotour
```

运行这一命令后，你会看到已经创建好一个名字为gotour的文件夹，里面有一个go.mod文件，它里面的内容如下所示：

```
module gotour
go 1.15
```

- 第一句是该项目的模块名，也就是gotour。
- 第二句表示要编译该模块至少需要Go 1.15版本的SDK。

> 提示 模块名最好以自己的域名开头，比如flysnow.org/gotour，这样就可以很大程度上保证模块名的唯一性，不至于与其他模块重名。

22.2.2 使用第三方模块

模块化为什么可以提高开发效率？最重要的原因就是复用了现有的模块，Go语言也不例外。比如你可以把项目中的公共代码抽取为一个模块，这样就可以供其他项目使用，而不用再重复开发。同理，在GitHub上有很多开源的Go语言项目，它们都是一个个独立的模块，也可以被我们直接使用，提高我们的开发效率，比如Web框架gin-gonic/gin。

众所周知，在使用第三方模块之前，需要先设置Go代理，也就是GOPROXY，这样我们就可以获取到第三方模块了。

在这里我推荐goproxy.io这个代理，它非常好用，速度也很快。要使用这个代理，需要进行如下代码设置：

```
go env -w GO111MODULE=on
go env -w GOPROXY=https://goproxy.io,direct
```

打开终端，输入这一命令回车即可设置成功。

在实际的项目开发中，除了第三方模块外，还有我们自己开发的模块，放在了公司的GitLab上，这时候就要把公司Git代码库的域名排除在Go代理之外，为此Go语言提供了GOPRIVATE这个环境变量帮助我们达到目的。通过如下命令即可设置GOPRIVATE：

```
# 设置不使用 proxy 的私有仓库，多个用逗号相隔（可选）
go env -w GOPRIVATE=*.corp.example.com
```

以上域名只是一个示例，实际使用时你要改成自己公司私有仓库的域名。

一切都准备好就可以使用第三方的模块了，假设我们要使用Gin这个Web框架，首先需要安装它。通过如下命令即可安装Gin这个Web框架：

```
go get -u github.com/gin-gonic/gin
```

安装成功后，就可以像 Go 语言的标准包一样，通过 import 命令将其导入你的代码中，代码如下所示：

```
package main
import (
    "fmt"
    "github.com/gin-gonic/gin"
)
func main() {
    fmt.Println("先导入 fmt 包，才能使用")
    r := gin.Default()
    r.Run()
}
```

以上代码现在还无法编译通过，因为还没有同步 Gin 这个模块的依赖，也就是没有把它添加到 go.mod 文件中。通过如下命令可以添加缺失的模块：

```
go mod tidy
```

运行这一命令，就可以把缺失的模块添加进来，同时也可以移除不再需要的模块。这时你再查看 go.mod 文件，会发现内容已经变成了这样：

```
module gotour
go 1.15
require (
    github.com/gin-gonic/gin v1.6.3
    github.com/golang/protobuf v1.4.2 // indirect
    github.com/google/go-cmp v0.5.2 // indirect
    github.com/kr/text v0.2.0 // indirect
    github.com/modern-go/concurrent v0.0.0-20180306012644-bacd9c7ef1dd // indirect
    github.com/modern-go/reflect2 v1.0.1 // indirect
    github.com/niemeyer/pretty v0.0.0-20200227124842-a10e7caefd8e // indirect
    github.com/stretchr/testify v1.6.1 // indirect
    golang.org/x/sys v0.0.0-20201009025420-dfb3f7c4e634 // indirect
    golang.org/x/xerrors v0.0.0-20200804184101-5ec99f83aff1 // indirect
    gopkg.in/check.v1 v1.0.0-20200227125254-8fa46927fb4f // indirect
    gopkg.in/yaml.v2 v2.3.0 // indirect
)
```

所以我们不用手动修改 go.mod 文件，通过 Go 语言的工具链比如 `go mod tidy` 命令，就可以帮助我们自动地维护、添加或者修改 go.mod 的内容。

22.3 小结

在 Go 语言中，包是同一目录中所有源文件的集合。包里面含有函数、类型、变量和常量，它们必须首字母大写才可以在不同包之间调用。

而模块则是相关的包的集合，它里面包含了很多用于实现该模块的包。可以通过模块的方式，把已经完成的模块提供给其他项目（模块）使用，从而达到代码复用、研发效率提高的目的。

所以对于你的项目（模块）来说，具有“模块→包→函数类型”这样三层结构。在同一个模块中，可以通过包组织代码，达到代码复用的目的；在不同模块中，就需要通过模块的引入达到这个目的。

编程界有个谚语：不要重复造轮子。使用现成的轮子，可以提高开发效率，降低Bug率。Go语言提供的模块、包这些能力就可以很好地让我们使用现有的“轮子”，在多人协作开发中更好地提高工作效率。

最后，为你留个作业：基于模块化拆分你所做的项目，提取一些公共的模块，以供更多项目使用。相信这样做，会让你的开发效率大大提升。

第五部分 Part 5

Go 语言泛型

Chapter 23 第 23 章

初识泛型：使用泛型简化编程

从这一章开始，我将带你学习本书的第五部分：Go 语言泛型，这是 Go 1.18 版本最新发布的功能，也是被 Go 语言社区期待了两年的功能，终于在 2022 年 3 月 15 日发布了。在这部分中，我将要为你讲解什么是泛型、Go 语言泛型和其他语言的不同、Go 语言的接口为什么会与泛型有关，以及泛型的约束和推导等。

本章先让你初步了解 Go 语言的泛型，包括它是如何减少重复代码、提升效率的。

23.1　一个非泛型示例

在介绍什么是泛型之前，我们先看一个非泛型书写的示例。这个示例非常简单，就是求两个整数中的最小值：

```
func minInt(a, b int) int {
    if a < b {
        return a
    } else {
        return b
    }
}
```

通过判断大小，就可以知道哪个数值小，然后返回即可。

现在我们可以使用这个函数，对 int 类型的数字求最小值。

```
func main() {
    fmt.Println(minInt(2, 3))
}
```

现在，需求进阶了，我们不仅要求 int 类型的最小值，还要求 float32 类型的最小值，为了满足需求，我再定义一个函数：

```
func minFloat32(a, b float32) float32 {
    if a < b {
        return a
    } else {
        return b
    }
}
```

如果还要求 int8、float64、int64 等类型的最小值呢？我们还得定义一个个方法，这些方法的实现基本上都一样，重复度很高，这样开发效率会降低，维护成本会增加。

23.2　使用泛型重构示例

对于这类重复度非常高的函数，我们最大的期望就是能声明一个通用函数，可以满足所有类型的求最小值。

通过观察以上函数，会发现它们的参数类型是不一样的，有的是 int，有的是 float32，有的是 float64，等等。如果可以声明一个类型参数，让参数的类型由外部调用的实参决定，那么就有希望实现这个通用函数。

```
func min[V int | float32 | float64](a, b V) V {
    if a < b {
        return a
    } else {
        return b
    }
}
```

以上就是 Go 语言泛型函数的一个定义，它在函数名和小括号形参之间，多了一个方括号，用于声明类型参数。类型参数就是用于约束在实际调用这个 min 函数的时候，可以允许传什么类型的实参给 min 函数，我这里的定义允许 int、float32 和 float64 三种类型的实参，注意这里用的“|”符号表示“或”，也就是并集的意思。

有了 min 这个通用的泛型函数定义，我们就可以使用它来求 int、float32 和 float64 这三种类型的最小值了。

```
func main() {
    fmt.Println(minInt(2, 3))
    fmt.Println(minFloat32(1.2, 2.4))

    fmt.Println(min[int](1, 2))
    fmt.Println(min[float64](1.2, 2.4))
}
```

结果与我们单独声明的求类型最小值的函数是一样的，说明我们定义的泛型函数生效了，这主要得益于Go语言的编译器，将类型参数替换为该函数调用时具体指定的类型，比如示例中的int和float64类型。

有了这个通用的min泛型方法，现在我们看看求int32类型的最小值是否可以。我们试试看：

```
fmt.Println(min[int32](1, 2))
```

当运行这段程序的时候，编译器会提醒我们：

```
./main.go:11:18: int32 does not implement int|float32|float64
```

是的，我们并没有实现int32类型，要解决这个问题也非常简单，只需要在泛型函数声明的时候添加int32类型。

```
func min[V int | float32 | float64 | int32](a, b V) V {
    if a < b {
        return a
    } else {
        return b
    }
}
```

23.3 类型推导

在以上的示例中，你可能已经注意到我在main函数中调用min函数时，都传递了一个具体的实参类型，它们使用方括号（[]）传递，这样做的目的是确定函数调用时具体参数的类型。

但是这么做，对于我们编写代码会非常烦琐，可读性也不强，这时候你可能会问，能不能去掉呢？

我的回答是：当然可以。Go语言团队已经为我们考虑到了，通过Go编译器，它可以根据函数调用时实参的类型推导出所需的类型参数，所以以上示例代码可以优化为：

```
fmt.Println(min(1, 2))
fmt.Println(min(1.2, 2.4))
fmt.Println(min(1, 2))
```

在调用泛型函数时，省略了类型参数后，就变得很简洁了，与原来的非泛型函数一样的用法，没有多余额外的编码工作。

23.4 自定义类型约束

我在声明min泛型类型参数约束的时候，用了`V int | float32 | float64 | int32`

这么一长串文本，是不是觉得太啰唆了，而且可读性也比较差。

为了解决这个问题，Go 语言为我们提供了自定义类型约束的能力。

```
type Number interface {
    int | float32 | float64 | int32
}
```

以上代码表示声明了一个用于类型约束的接口类型 Number，它约束的类型是以上定义类型的并集。

有了新声明的约束类型 Number 就可以重构 min 函数了。

```
func min[V Number](a, b V) V {
    if a < b {
        return a
    } else {
        return b
    }
}
```

这样的泛型函数声明比原来的简洁多了，并且这个 Number 类型约束接口可以在其他泛型中复用，不用再重新定义了。

23.5 内置的类型约束

为了使用方便，Go 语言给我们内置了一些约束类型，这些类型在 Go1.18 Beta 的时候还在 Go SDK 标准库中，正式版发布的时候，都移动到了 golang.org/x/exp/constraints 中，所以我们要先导入这个包，才能使用这些约束类型。

在上面的示例中，我们定义的 Number 约束类型也可以换成 constraints.Ordered，效果是一样的：

```
func min[V constraints.Ordered](a, b V) V {
    if a < b {
        return a
    } else {
        return b
    }
}
```

为什么可以呢？我们先来看下官方对 Ordered 约束的描述：

Ordered is a constraint that permits any ordered type: any type that supports the operators < <= >= >.

也就是说 Ordered 是一个允许任何有序类型的约束，什么是有序类型呢？也就是支持 <、<=、>=、> 操作符。

在讲解 Ordered 约束之前，我们先看其他几种 Go 官方提供的约束。

23.5.1 Signed

这是一个有符号整型的约束，它的定义如下：

```
type Signed interface {
    ~int | ~int8 | ~int16 | ~int32 | ~int64
}
```

其实就是所有有符号整型的并集。注意这里的 ~ 符号，它表示对派生出的类型也有用。比如我定义一个 MyInt 类型：

```
type MyInt int
```

那么这个 MyInt 类型也是满足 Signed 约束的，~ 就是表示这个意思。

23.5.2 Unsigned

有 Signed 约束就有对应的 Unsigned 约束，它表示无符号型的约束，定义如下：

```
type Unsigned interface {
    ~uint | ~uint8 | ~uint16 | ~uint32 | ~uint64 | ~uintptr
}
```

23.5.3 Integer

这个约束就比较好定义了，因为已经有了 Signed 和 Unsigned 约束，把它俩并起来就可以了。

```
type Integer interface {
    Signed | Unsigned
}
```

23.5.4 Float

同样，Float 就是把 float32 和 float64 合并起来。

```
type Float interface {
    ~float32 | ~float64
}
```

23.5.5 Ordered

最后，终于可以看到我们刚刚用到的 Odered 约束了，它的定义也非常简洁，用前面定义的几个约束即可。

```go
type Ordered interface {
    Integer | Float | ~string
}
```

多了一个 string，这是因为 string 也是有序的，即支持 <、<=、>=、> 操作符。

除了以上这些约束类型外，Go SDK 还提供了两种约束类型：any 和 comparable，第一个是一个空接口，表示任意类型；第二个是可比较的接口，可用于 map 类型的 key 键约束。

```go
//any is an alias for interface{} and is equivalent to interface{} in all ways.
type any = interface{}
//comparable is an interface that is implemented by all comparable types
//(booleans, numbers, strings, pointers, channels, arrays of comparable types,
//structs whose fields are all comparable types).
//The comparable interface may only be used as a type parameter constraint,
//not as the type of a variable.
type comparable interface{ comparable }
```

23.6　函数式编程

很多编程语言都支持函数式编程模型，比如常见的 map、reduce 和 filter，我们看一下它们在 Go 语言中如何用泛型实现。

23.6.1　map

在 JavaScript（简称 JS）语言中，该函数是这么说明的：map() 函数创建一个新数组，这个新数组由原数组中的每个元素都调用一次提供的函数后的返回值组成。

Go 语言常用的是切片，我们通过切片来实现。要实现这么一个逻辑，我们定义的这个泛型函数至少要有两个参数，一个是原始的切片，一个是对切片元素进行处理的函数。

在实现泛型函数之前，先看下如何通过非泛型函数来实现 map。

```go
func map1(s []int, f func(int) int) []int {
    result := make([]int, len(s))
    for i, v := range s {
        result[i] = f(v)
    }
    return result
}
```

这里同样以 int 类型为例，非泛型 map1 函数的定义如上所示，其实就是循环原切片，对切片的元素应用 f 函数，生成新的切片。

```go
s := []int{1, 2, 3, 4, 5}
fmt.Println(map1(s, func(v int) int {
    return v * 2
}))
```

以上 map1 函数还有一个不太好的地方是需要传一个切片类型的参数，我们可以继续重构，采用类型方法的方式，让它更符合函数编程的链式调用。

```
type MySlice []int
func (s MySlice) map1(f func(int) int) MySlice {
    result := make(MySlice, len(s))
    for i, v := range s {
        result[i] = f(v)
    }
    return result
}
```

从以上代码你可以看到，我们重新定义了一个新类型 MySlice，它其实就是一个 []int，通过为 MySlice 添加 map1 方法即可实现 JS 中 map() 的效果。

现在我们就可以这么使用它了，看下面的代码：

```
s1 := MySlice{1, 3, 5, 7, 9}
fmt.Println(s1.map1(func(v int) int {
    return v * 2
}))
```

这个效果就好了很多，与 JS 的相比，差不多是一样的效果了。

以上示例代码演示了 map 函数的效果，但是以上的 map1 方法只能处理 int 类型的数据，如果让 map1 方法更通用，比如可以处理 string 类型的数据，就需要用到泛型了。

要自定义泛型 map1 方法，首先我们得定义一个泛型类型：

```
type GSlice[T any] []T
```

以上就是一个泛型类型的切片，它可以存放任何类型的数据，比如存放 int、string 这两种类型，可以这么定义：

```
gs1 := GSlice[int]{1, 3, 5, 7, 9}
gss1 := GSlice[string]{"1", "3", "5", "7", "9"}
```

非常完美，一个泛型类型的切片 GSlice 就这样定义好了，并且它可以存放任何类型的数据。

然后，我们为它添加 map1 方法，达到函数式编程 map() 函数的效果。

```
func (s GSlice[T]) map1(f func(T) T) GSlice[T] {
    result := make(GSlice[T], len(s))
    for i, v := range s {
        result[i] = f(v)
    }
    return result
}
```

整体实现逻辑与非泛型的 map1 方法差不多。有了泛型方法 map1，就可以实现与非泛型方法一样的效果了。

```
gs1 := GSlice[int]{1, 3, 5, 7, 9}
fmt.Println(gs1.map1(func(v int) int {
    return v * 2
}))
gss1 := GSlice[string]{"1", "3", "5", "7", "9"}
fmt.Println(gss1.map1(func(v string) string {
    return v + "飞雪"
}))
```

这里的示例我演示了int、string两种类型的效果，通过运行查看结果：

```
[2 6 10 14 18]
[1飞雪 3飞雪 5飞雪 7飞雪 9飞雪]
```

可以看到，int示例的结果和非泛型方法map1的效果一样，并且演示了string的用法来证明我们实现的是泛型切片，map1对string类型的数据同样管用。

因为我们的目的是实现链式调用的切片，所以只能通过方法实现map函数的效果。但是Go语言的方法是不支持类型参数的，所以我们无法把一个int类型的切片通过map1方法转换为一个string类型的切片，这也是链式调用的局限性。

如果你想实现返回不同类型的切片，可以通过函数实现。

23.6.2 reduce

reduce是一个聚合函数，它会遍历集合中的每个元素，执行一个由我们提供的回调函数，每一次运行回调函数，都会将先前元素计算的结果作为参数传入，最后将其结果汇总为单个返回值。

刚刚讲解map()函数能力的时候用的是GSlice泛型类型，这次我们还用这个，直接演示reduce的实现和用法，就不再讲解非泛型的reduce实现了。

```
func (s GSlice[T]) reduce(f func(previousValue T, currentValue T) T) T {
    var result T
    for _, v := range s {
        result = f(result, v)
    }
    return result
}
```

以上实现的逻辑就是：循环切片调用f函数，f函数的第一个参数就是上一次计算的结果，第二个参数就是当前元素的值。

最终，把得到的聚合结果返回即可。

有了reduce方法，我们来实现一个计算切片中元素的和的示例：

```
gs1 := GSlice[int]{1, 3, 5, 7, 9}
sum := gs1.map1(func(v int) int {
    return v * 2
}).reduce(func(preV int, curV int) int {
    return preV + curV
})
fmt.Println(sum)
```

以上示例用到了链式调用：先通过map1把每个元素的值都乘以2，然后再计算返回的切片中的元素之和，它的计算过程是这样的：

```
[1 3 5 7 9]-->[2 6 10 14 18]-->50
```

先变换，再求和。

23.6.3 filter

filter也用于创建一个新的集合，与map不同的是，它只会包含满足条件的元素，这也是“过滤”的意思，过滤掉不满足条件的元素。

这里同样以GSlice这个切片为例，来演示filter的使用。

```
func (s GSlice[T]) filter(f func(T) bool) GSlice[T] {
    result := GSlice[T]{}
    for _, v := range s {
        if f(v) {
            result = append(result, v)
        }
    }
    return result
}
```

为GSlice切片增加一个filter方法，该方法接收一个函数作为参数，用于判断哪些元素满足条件。filter内部的逻辑是循环GSlice中的元素，把符合条件的添加到result变量中返回。

定义好了filter方法后，通过一个例子来演示它的用法：

```
gs1 := GSlice[int]{1, 3, 5, 7, 9}
fmt.Println(gs1.filter(func(v int) bool {
    return v > 3
}))
```

以上示例返回切片中大于3的元素集合，结果就是：

```
[5 7 9]
```

我们基于泛型实现了map、reduce和filter方法，现在我们可以通过一个例子，用这三个方法实现函数式编程。

首先通过 filter 选出大于 3 的元素，然后通过 map 变换让每个元素都乘以 2，最后再通过 reduce 方法计算元素的和。

```
gs1 := GSlice[int]{1, 3, 5, 7, 9}
sum1 := gs1.filter(func(v int) bool {
    return v > 3
}).map1(func(v int) int {
    return v * 2
}).reduce(func(preV int, curV int) int {
    return preV + curV
})
fmt.Println("filter map reduce >> sum:", sum1)
```

运行以上程序，会看到计算出的结果为“42”：

```
filter map reduce >> sum: 42
```

23.7　小结

泛型是一种比较宽泛的概念，我认为是一种规范，一种可以高效编程的基本规范，而且是发生在编译期的。使用它可以避免很多重复的代码，提高开发效率，并且可以利用编译器帮助我们在编译的时候检查，以提前发现问题。

有了泛型，我们不用强制类型转换了，也不用反射了，只需要定义好约束类型，用约束类型编写代码模板即可。

这一章的最后给你留一个小作业：为 GSlice 添加一个 find 方法，用于查找符合条件的第一个元素。

Chapter 24 第 24 章

深入泛型：漫谈泛型设计

很多编程语言都支持泛型，比如 Java、C++ 这类排名更高的编程语言，更是很早就实现了泛型。

Go 语言支持泛型的路很漫长，经过了好几年的讨论、修改和提案，最终在 Go 1.18 版本中正式支持了泛型。

这一章将从泛型设计的角度，带你深入理解 Go 语言的泛型设计。

24.1 为什么需要泛型

在上一章的泛型和非泛型示例的对比中，你可以看到通过泛型，我们可以写出通用类的函数，这类函数可以处理不同类型的数据。

下面，我先通过一个 Java 的示例，来引入泛型。

```
public class MainClass
{
    public static void printArray(E[] inputArray)
    {
        //打印数组元素
            for (E element : inputArray){
                System.out.println(element);
            }
    }
}
```

上面的示例是一个泛型方法，用于打印数组 inputArray 中的元素。但是这里要注意的是，数组的类型是 E[]，也就是这个数组中的元素类型是未知的，元素类型用 E 表示。

但是 E 如何定义呢？这就牵涉到泛型的语法设计了。

在 Java 中，是通过在方法前添加 <E> 的方式来定义类型 E 的，所以上面的泛型示例的完整代码是：

```
public class MainClass
{
    public static <E> void printArray(E[] inputArray)
    {
        //打印数组元素
            for (E element : inputArray){
                System.out.println(element);
            }
     }
}
```

24.2　类型参数

在 Go 语言中，我们也可以通过类型的方式，实现上一节中的 Java 泛型示例。

```
func Print[T any](s []T) {
    for _, v := range s {
        fmt.Println(v)
    }
}
```

以上示例中的 T 和 Java 中的 E 一样，也是表示一个具体的类型，不同的是，在 Go 语言中是通过 [] 来定义类型 T 的，而 Java 是通过 <>。对于为什么不用 <>，Go 团队给出的理由是：

1）与现在的 map 等类型声明统一。

2）避免歧义。

其实还有一个版本提议用圆括号“()”，但是现在的方法、函数的定义就是“()”，如果还用的话，会导致“()”太多。

以上标识 T 就是一个类型参数，在定义 Print 函数的时候，我们不知道它是什么类型，但是在调用 Print 函数的时候，会被替换为具体的参数类型，这也是它被称为类型参数的原因。如果你还是对类型参数难以理解的话，把它理解为泛型就可以了。

有了泛型函数的定义，那么使用就很简单了：

```
Print[int]([]int{1, 2, 3})
```

是的，你可能已经看到了，介于 Print 和 () 之间的 [int] 就是传递给 Print 的参数类型。

向 Print 函数提供类型参数 int 的这种方式称为泛型函数实例化。一个泛型函数要实例化，需要两步：

1）编译器把泛型函数中的类型参数替换为真正的类型实参，也就是示例中的int。

2）然后验证这个真正的类型实参（int）是否满足函数定义的类型约束，也就是示例中的any。

一个泛型函数一旦被实例化后，它就是一个非泛型函数了，它的使用就与普通的函数一样。比如以上示例也可以这么写：

```
//实例化
p := Print[int]
p([]int{1, 2, 3})
```

在上一章，我们学习了类型推导，所以以上代码也可以省略参数类型的传入，因为Go编译器可以自己推导出来。

```
Print([]int{1, 2, 3})
```

24.3 泛型类型

类型参数不仅可以用于函数，也可以用于类型中，当用于类型中的时候，我们就得到了一个泛型类型。

比如我们上一章定义的GSlice就是一个泛型类型：

```
type GSlice[T any] []T
```

当然，我们还可以定义更复杂的泛型类型，比如定义一个链表：

```
type List[T any] struct {
    next *List[T]
    val  T
}
```

泛型类型可以有方法，并且方法接收者的类型参数要与泛型类型的数量一样。唯一不同的是可以省略类型的约束，因为已经在泛型类型声明的时候，通过类型参数约束过了。比如上一章中的filter方法：

```
func (s GSlice[T]) filter(f func(T) bool) GSlice[T] {
    result := GSlice[T]{}
    for _, v := range s {
        if f(v) {
            result = append(result, v)
        }
    }
    return result
}
```

方法中的标识 T 并不一定要与 GSlice[T any] 中的名称 T 一样，比如你定义为 v，也是可以的。如果方法不需要类型参数，可以通过“_”省略。

像泛型链表 List 一样，泛型类型是可以自引用的，如果泛型类型有多个类型参数，自引用要保持顺序一致。

```
//这是一个无效的泛型类型
type P[T1, T2 any] struct {
    F *P[T2, T1] //自引用无效；必须是 [T1, T2]
}
```

以上示例就是一个反面示例，因为它的自引用声明的类型参数顺序没有与泛型类型定义的保持一致。

提示　尽管方法可以使用泛型类型的参数，但是方法本身并不能提供额外的类型参数，所以如果你需要额外的类型参数的话，只能通过函数实现。

24.4 类型约束

在上一章中，我们已经在示例中用到了类型约束，并且自定义了类型约束，在这里，我们会更深入地理解类型约束。

假设，我们想把一个切片转换为一个 string 类型的切片，需要定义这么一个泛型函数：

```
func Stringify[T any](s []T) (ret []string) {
    for _, v := range s {
        ret = append(ret, v.String()) //编译错误
    }
    return ret
}
```

在以上示例中，我们的想法是循环切片中的每个元素，然后调用它们的 String 方法，把结果放在 ret 中。

我们的想法是好的，但是编译器会报如下错误：

```
v.String undefined (type T has no field or method String)
```

原因就是我们声明的类型约束是 any，是任意类型，这意味着 T 不一定会有 String 方法，所以才会有如上编译错误。

如果要消除这个编译错误，我们需要改变它的约束：

```
func Stringify[T fmt.Stringer](s []T) (ret []string) {
    for _, v := range s {
        ret = append(ret, v.String()) //编译错误
```

```
    }
    return ret
}
```

约束本身就是一个 interface，所以把 any 改为 fmt.Stringer 即可。

做了以上修改后，在进行实例化的时候，只能使用满足约束的类型参数，也就是实现了 fmt.Stringer 接口的类型，比如自定义的类型 MyInt：

```
func main() {
    fmt.Println(Stringify([]MyInt{1, 2, 3}))
}
type MyInt int
func (i MyInt) String() string {
    return fmt.Sprintf("%d:%d", i, i)
}

func Stringify[T fmt.Stringer](s []T) (ret []string) {
    for _, v := range s {
        ret = append(ret, v.String())
    }
    return ret
}
```

运行以上代码，即可看到如下打印输出：

```
[1:1 2:2 3:3]
```

24.4.1 any 约束

我们已经知道约束是一个 interface，并且 any 可以表示任意类型，我们可以猜测它是一个空接口，也就是 interface{}，所以上面小节的 Print 例子也可以这样写：

```
func Print[T interface{}](s []T) {
}
```

但是每次都这么写也比较烦琐，所以 Go SDK 内置了一个 any 类型别名，这样就简单多了。

```
// any is an alias for interface{} and is equivalent to interface{} in all ways.
type any = interface{}
```

对于泛型，可以把约束视为类型参数的元类型。

24.4.2 类型集

普通函数的每个值参数都有一个类型：该类型定义了一组值。例如，上一章提到的非泛型函数 minInt，它的参数是 int 类型的，所以允许的参数值集是可以由 int 类型表示的整数值集。

同样，类型参数列表的每个类型参数都有一个类型。因为类型参数本身就是一种类型，所以类型参数的类型定义了类型集。这种元类型称为类型约束。

```
func min[V constraints.Ordered](a, b V) V {
    if a < b {
        return a
    } else {
        return b
    }
}
```

在泛型函数 min 中，类型约束是从 constraints 包中导入的。Ordered 约束描述了具有可以排序的值的所有类型的集合，换句话说，可以通过 <（或 <=、> 等）运算符进行比较。该约束确保只有具有可排序值的类型才能传递给 min。这也意味着在 min 函数体中该类型参数的值可以用于与 < 运算符进行比较。

在 Go 中，类型约束必须是接口。也就是说，接口类型既可以作为值类型，也可以作为元类型。接口定义了方法，因此我们可以理解为某些方法存在的类型约束。但是 constraints.Ordered 也是接口类型，< 操作符却不是方法。

为了完成这项工作，我们以一种新的方式看待接口。

直到最近，Go 规范才说接口定义了一个方法集，大致就是接口中枚举的方法集。实现所有这些方法的任何类型都实现了该接口。如图 24-1 所示。

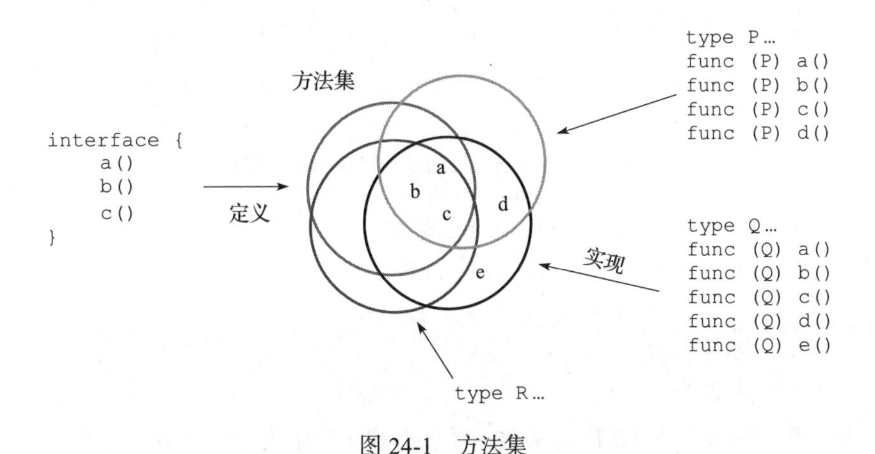

图 24-1　方法集

但另一种看法是，接口定义了一组类型，即实现这些方法的类型。从这个角度来看，作为接口类型集元素的任何类型都实现了该接口。如图 24-2 所示。

这两个视图导致相同的结果：对于每组方法，我们可以想象实现这些方法的相应类型集，即接口定义的类型集。

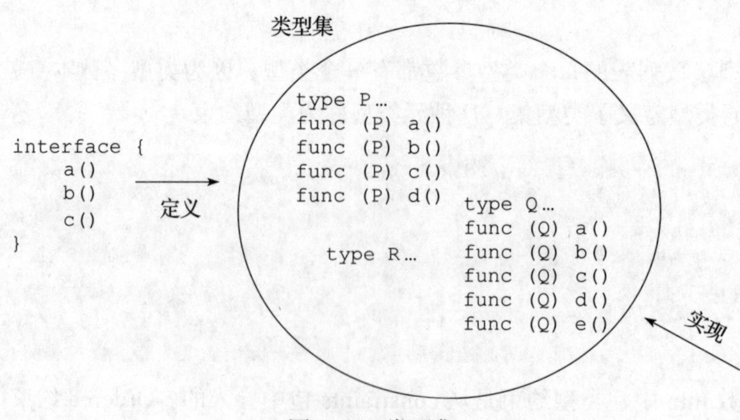

图 24-2 类型集

但是，就我们的目的而言，类型集视图比方法集视图具有优势：我们可以显式地将类型添加到集合中，从而以新的方式控制类型集。

我们扩展了接口类型的语法以使其工作。例如，`interface{int|string|bool}` 定义包含 int、string 和 bool 的类型集。如图 24-3 所示。

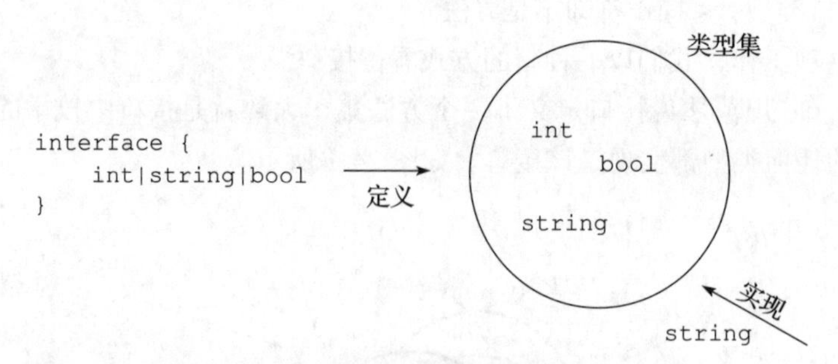

图 24-3 包含 int 、string 和 bool 的类型集

另一种说法是这个接口只满足 int、string 或 bool。

现在让我们再看一下 contraints.Ordered 的实际定义：

```
type Ordered interface {
    Integer|Float|~string
}
```

这个声明说 Ordered 接口是所有整数、浮点数和字符串类型的集合。竖线表示类型的联合（或本例中的类型集）。Integer 和 Float 中是定义在包 constraints 中的接口类型。请注意，接口 Ordered 中没有定义任何方法。

对于类型约束，我们通常不关心特定类型，例如 string ；我们对所有字符串类型都感兴趣，这就是 ~ 符号的用途。表达式 ~string 即表示基础类型为 string 的所有类型的集合。这包括类型 string 本身以及所有使用 string 定义声明的类型，例如 `type MyString string`。

当然，我们仍然希望在接口中指定方法，并且希望向后兼容。在 Go1.18 版本中，接口除了可以像以前一样包含方法和嵌入式接口外，也可以嵌入非接口类型、联合和底层类型集。

用作约束的接口可以被赋予名称（例如 Ordered），或者它们可以是内联在类型参数列表中的接口。例如：

```
[S interface{~[]E}, E interface{}]
```

这里 S 必须是一个切片类型，其元素类型可以是任何类型。

因为 interface{} 是一种常见的情况，我们可以简单地写成：

```
[S ~[]E, E interface{}]
```

在上面的小节中，我们知道 any 其实是 interface{} 的别名。有了这个，我们得到了这个惯用的代码：

```
[S ~[]E, E any]
```

作为类型集的接口是一种强大的新机制，是使类型约束在 Go 中起作用的关键。目前，使用新语法形式的接口只能用作约束。但不难想象，明确类型约束的接口在一般情况下会有很大用处。

24.5　再论类型推导

通过上一章的学习，相信你已经知道什么是类型推导了，这一节将更详细地介绍类型推导。

24.5.1　参数类型推导

使用泛型需要传递类型参数，这会产生冗长的代码，比如：

```
func GMin[T constraints.Ordered](x, y T) T { ... }
```

类型参数 T 用于指定普通非类型参数的类型 x 和 y。正如我们之前看到的，这可以使用显式类型参数调用：

```
var a, b, m float64

m = GMin[float64](a, b) // 指定类型参数
```

在许多情况下，编译器可以从普通参数推断类型参数。这使得代码更短，同时保持清晰。

```
var a, b, m float64

m = GMin(a, b) // 没有指定类型参数
```

Go 语言可以通过参数 a、b 的类型推导出 x、y 的类型。

这种从函数参数的类型推导出类型参数的情形称为函数参数类型推导。

函数实参类型推导仅适用于函数参数中使用的类型参数，不适用于仅用于函数结果或仅在函数体中的类型参数。例如，它不适用于像 `MakeT[T any]()T` 这样只使用 T 作为结果的函数。

24.5.2 约束类型推导

除了参数类型推导外，Go 语言的泛型还支持约束类型推导。下面看个例子：

```
func Scale[E constraints.Integer](s []E) []E {
    r := make([]E, len(s))
    for i, v := range s {
        r[i] = v * 2
    }
    return r
}
```

这是一个很通用的泛型函数，适用于任何整数类型的切片。

现在假设有一个多维 Point 类型，其中每个 Point 都是坐标点的列表。

```
type Point []int32
func (p Point) String() string {
    var b strings.Builder
    b.Grow(len(p))
    for _, v := range p {
        b.WriteString(fmt.Sprint(v))
        b.WriteString(",")
    }
    return b.String()
}
```

现在，我想缩放一个 Point，因为 Point 是一个整型切片，所以可以用刚刚定义的 Scale 泛型函数来实现。

```
func ScaleAndPrint(p Point) {
    r := Scale(p)
    fmt.Println(r.String())
}
```

不过，这会编译失败，编译器提示：

```
r.String undefined (type []int32 has no field or method String).
```

原因是该 Scale 函数返回一个 []E 类型的值，其中 E 是参数切片的元素类型。当我们使用 Point 类型的值调用 Scale 时，我们得到一个类型是 []int32 的值，而不是类型 Point。这遵循通用代码的编写方式，但这不是我们想要的。

为了解决这个问题，必须更改 Scale 函数以使用切片类型的类型参数。

```
func Scale[S ~[]E, E constraints.Integer](s S) S {
    r := make(S, len(s))
    for i, v := range s {
        r[i] = v * 2
    }
    return r
}
```

我们引入了一个新的类型参数 S，它是切片参数的类型。并且我们对其进行了约束，使得基础类型是 S 而不是 []E，现在结果类型是 S。由于 E 被限制为整型，因此效果与之前相同：第一个参数必须是某个整数类型的切片。函数体的唯一变化是，当调用 make 时，传递的是 S，而不是 []E。

如果用普通切片调用新函数，它的作用与以前相同，但如果我们用 Point 类型调用它，它会返回一个 Point 类型的值。这就是我们想要的。在这个版本的 Scale 中，ScaleAndPrint 函数将按照我们的预期编译和运行。

在 Scale(p) 调用中，我们并没有传递任何类型参数，依赖参数类型的推导，编译器可以推导出 S 的类型参数是 Point。

但是该函数还有一个类型参数 E，编译器也可以推导出来，但是它的推导并不是根据函数的实参类型推导的，而是根据约束类型推导的。

约束类型推导从类型形参约束中推导出类型实参，通常情况是：当一个约束对某种类型使用 ~type 形式时，该类型是使用其他类型形参编写的。在 Scale 示例中我们看到了这一点。S 是 ~[]E，它是 ~ 后跟一个类型 []E，用另一个类型参数编写。如果知道 S 的类型实参，我们可以推断出 E 的类型实参。S 是切片类型，E 是该切片的元素类型。

类型推导的实现比较复杂，但使用它并不复杂：类型推导要么成功，要么失败。如果成功，可以省略类型参数，调用泛型函数看起来与调用普通函数没有什么不同。如果类型推导失败，编译器将给出错误消息，在这种情况下，我们可以只提供必要的类型参数。

24.6　小结

Go 语言泛型设计的三大核心就是：类型参数、类型约束以及类型推导，通过这三种设计，让 Go 语言的泛型可用、能用及好用。

泛型是 Go1.18 中一个非常大的功能，对于它的使用要谨慎，应只用在非常适合泛型的地方，比如通用的数据结构链表、二叉树等，也可以是内置的 map 等集合类型，但是它们中的元素是多种类型的。

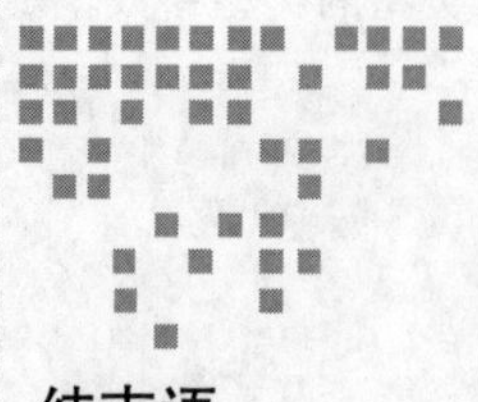

Postscript 结束语

你的 Go 语言成长之路

本书的讲解从 Go 语言的基础知识开始，然后是底层原理，再到实战，相信你已经学会了如何使用 Go 语言，并可以上手做项目了。这一路走来，非常感谢你对学习的坚持，以及对我的支持。

在本书的最后，我会和你聊一下 Go 语言的前景，以及对于你学习 Go 语言编程和在今后职业发展方面的一些建议。

Go 语言的发展前景

随着这几年 Docker、K8s 的普及，云原生的概念也越来越火，而 Go 语言恰恰就是为云而生的编程语言，所以在云原生的时代，它就具备了天生的优势：易于学习、天然的并发、高效的网络支持、跨平台的二进制文件编译等。

CNCF（云原生计算基金会）对云原生的定义是：

- 应用容器化。
- 面向微服务架构。
- 应用支持容器的编排调度。

我们可以看到，其中具有代表性的 Docker、K8s 以及 Istio 都是采用 Go 语言编写的，所以 Go 语言在云原生中发挥了极大的作用。

在涉及网络通信、对象存储、协议等领域的工作中，Go 语言所展现出来的优势要比 Python、C/C++ 更大，所以诸如字节跳动、腾讯等很多大厂都在拥抱 Go 语言，甚至很多公司在业务这一层也采用 Go 语言来开发微服务，从而提高开发和运行效率。

总体来说，对 Go 语言的前景我还是比较看好的，本书既是你入门 Go 语言的敲门砖，又是你系统学习 Go 语言的良师益友。

除此之外，我还有一些学习 Go 语言的建议供你参考。

Go 语言学习建议

关于 Go 语言的学习，建议从官方文档和官方作者的著作开始，这样你可以看到“原汁原味”的讲解。其实不只是 Go 语言，任何一门语言都应该是这样，官方的内容是比较权威的。

基于官方文档入门后，你就可以参考一些“第三方”专家写的相关书籍了。阅读不同人写的 Go 语言书籍，可以让你融会贯通，更好地理解 Go 语言的知识点，比如在其他书上看不懂的内容，换一本你可能就看懂了。

阅读书籍还有一个好处是让你的学习具备系统性。现在，大部分人都选择碎片化学习，其实系统地学习才能真正掌握一门语言。

不管是通过书籍、官方文档还是视频、专栏学习，我们都要结合示例进行练习，只用眼睛看的话学习效率很低，一定要将代码动手写出来，这样你对知识的理解程度和只看是完全不一样的。在这个过程中，你可以**通过编写加深记忆，通过调试加深理解，通过结果验证你的知识**。

有了这些基础后，就可以看一些实战类书籍、文章和视频了，这样你不只是学会了 Go 语言，还能用 Go 语言做项目，了解编码、分库、微服务、自动化部署等。

不管是学习 Go 语言还是其他编程语言，都要阅读源代码。通过阅读源代码，我们可以了解底层的实现原理，学习他人优秀的代码设计，从而提升自己在 Go 语言上的技术能力。

当然，一个工程师“源于代码”，但不能“止于代码”。

不止于编程语言

无论你想走技术专家路线，还是技术管理路线，要想更多地发挥自己的价值，必然是要带人的，因为一个人再怎么努力、技术再怎么厉害，也比不上多人团队的协作。

所以，当你工作 3 年具备骨干的能力后，就要开始尝试带人、做导师了。把自己学习编程的经验教给新人，让他们少走弯路，同时也能锻炼自己带人、协调更多人一起做事的能力。

这样当你有 5 年、7 年甚至更久的工作经验的时候，你的团队就会越来越壮大，在团队中你所发挥的价值也越来越大；而在个人方面，你也可以做架构设计、技术难点攻关等更有价值的事情。

关于技术编程人员的成长，我有过一次分享，那就是我的微信公众号文章《技术编程人员成长的 9 个段位》。在这篇文章中，我介绍了技术编程人员成长的每一个阶段需要的技术，以及如何提升自己的段位。

小结

具备自我驱动力以及学习能力的人，在职场中的竞争力都不会太差。

希望这本书可以很好地帮到你，让你学到 Go 语言的知识，让你在职场中更具竞争力。

写到这里就真的要说再见了，如果你想和我有更多的交流，可以关注我的公众号“飞雪无情”。

推荐阅读

Go语言精进之路：从新手到高手的编程思想、方法和技巧1
Go语言精进之路：从新手到高手的编程思想、方法和技巧2

Go入门容易，精进难，如何才能像Go开发团队那样写出符合Go思维和语言惯例的高质量代码呢？

本书将从编程思维和实践技巧2个维度给出答案，帮助你在Go进阶的路上事半功倍。从编程思维层面讲，只有真正领悟了一门语言的设计哲学和编程思维，并能将之用于实践，才算精通了这门语言。本书从Go语言设计者的视角对Go背后的设计哲学和编程思想进行了梳理和分析，指引读者体会那些看似随意实则经过深思熟虑的设计背后的秘密。从实践技巧层面讲，实践技巧源于对Go开发团队和Go社区开发的高质量代码的阅读、挖掘和归纳，从项目结构、代码风格、语法及其实现、接口、并发、同步、错误与异常处理、测试与调试、性能优化、标准库、第三方库、工具链、最佳实践、工程实践等多个方面给出了改善Go代码质量、写出符合 Go 思维和惯例的代码的有效实践。

全书一共2册，内容覆盖如下10个大类，共66个主题，字字珠玑，句句箴言，包括Go语言的一切，项目结构、代码风格与标识符命名，声明、类型、语句与控制结构，函数与方法，接口，并发编程，错误处理，测试、性能剖析与调试，标准库、反射与，工具链与工程实践。学完这本书，你将拥有和 Go专家一样的编程思维，写出符合Go惯例和风格的高质量代码，从众多 Go 初学者中脱颖而出，快速实现从Go新手到专家的转变！

推荐阅读

Go微服务实战

本书针对Go语言进行微服务开发做了全面细致的介绍，书中内容包括四大部分。第一部分为Go语言基础（第1～7章），包括Go语言基础语法、Go语言基本特性和Go语言实战项目等内容。第二部分为Go语言进阶（第8～10章），主要介绍Go语言的并发编程进阶、Go语言Web编程以及综合实战。第三部分为微服务理论（第11～18章），包括微服务模式的理论基础、微服务的进程间通信、微服务的分布式事务管理、领域驱动设计（DDD）、微服务测试、Docker及ES-CQRS策略。其中，微服务进程间通信重点介绍了gRPC，ES-CQRS策略部分给出了Go语言的实现。第四部分为微服务实战（第19～22章），通过实战项目讲解了微服务的生产环境、日志和监控、持续部署等内容。书中每一部分都提供了示例代码或实战项目，供读者边学习边动手实践，尽量做到让有Go语言基础的人尽快了解、掌握微服务模式。